266 种时尚装饰材料

1600 张实物拍摄图片，解析彻底

家装材料选购

万用图典

万用合一册的材料选购图典

汤留泉 编著

中国电力出版社

CHINA ELECTRIC POWER PRESS

U0657262

内 容 提 要

本书以图文混排的方式全面讲解了家居装修选材的方法，使装修业主能直观了解到家装选材的技巧与内幕。全书按照装修的工作流程介绍了市场上能买到的上百种材料，并且详细地介绍了各种材料的特性、分类、价格以及实用的选购技巧。适合正在装修或准备装修的业主阅读，同时也可以作为项目经理和施工员的参考书。

图书在版编目（CIP）数据

家装材料选购万用宝典 / 汤留泉编著. --北京：中国电力出版社，2016.7
ISBN 978-7-5123-9431-5

Ⅰ. ①家… Ⅱ. ①汤… Ⅲ. ①住宅—室内装修—装修材料—选购—图解
Ⅳ. ①TU56-64

中国版本图书馆CIP数据核字（2016）第127485号

中国电力出版社出版发行
北京市东城区北京站西街19号　100005　http://www.cepp.sgcc.com.cn
责任编辑：胡堂亮　梁　瑶　　联系电话：010-63412605
责任印制：蔺义舟　　　　　　责任校对：闫秀英
北京瑞禾彩色印刷有限公司印刷·各地新华书店经售
2016年7月第1版·第1次印刷
787mm×1092mm 1/16·14.5印张·269千字
定价：58.00元

前言

FREFACE

家装对于很多人来说可能是一个很模糊的概念，所以大部分人都会请专业的家装公司来装修。虽然家装公司会提供专业的设计方案供参考和施工，但是要想不花冤枉钱，并且在装修完成后能达到自己想要的效果，我们必须要参与到家装材料的选购中去。这样不仅可以监督选材，也可以把个人喜好与专业设计相结合。

本书按照家装的装修进程来讲解家装中所需的多种材料，读者可以参照本书的目录顺序作为购买材料的顺序。这种全新的排版方式使阅读者既能够清晰明了地了解家装的全部进程，又能够节约家装中购买材料的人工成本。本书包括基础改造材料、水电管线、墙地面砖、家具油漆、家装饰品甚至灯具洁具等内容，并且各类材料都配以多幅图片辅助讲解。

家装需要比较专业的技术，而且全程选用的材料多种多样，工序复杂，所以全套装修下来需要花费的时间长、费用高，并且难以保证质量。在家装中，普通业主可能对于其他方面很难快速掌握，但是最容易快速且深入掌握的首先是各种材料的选购。现代家装材料品种丰富多样，我们应该基本熟悉材料的名称、特性、用途、规格、价格、鉴别方法等几个方面的内容。同一种用途的材料可能针对不同住宅有对应的不同的材料，同一种材料又会有多种不同规格，同一种规格材料又有不同类型。了解清楚各类材料就可以根据个人需要选购适合自己的材料，避免买到不适合的材料耽误工程进度；也可以根据本书提供的参考价格挑选不同档次的材料，且能避免上当受骗。全书分类细致，讲解全面，图文并茂，适合准备装修或正在装修的业主阅读，同时也可以作为装修施工员和项目经理的参考资料。

《家装材料选购万用图典》以图片辅助文字来讲述家居装修的选材。对于每一个装修的步骤，都进行了详细的材料介绍。包括各类材料的特性，优缺点以及选购方法。确保读者能轻松选材，安心做家装。

本书由以下同仁参与编写（排名不分先后）

毛　婵　董豪鹏　向江伟　孙春艳　陈　全　黄登峰　肖亚丽

仇梦蝶　张　刚　张泽安　彭尚刚　邱　裕　刘惠芳　刘　星

刘　涛　张慧娟　苏天笑　唐　云　万　阳　曾令杰　李　钦

姚丹丽　周　娴

编　者

目录
CONTENTS

第1章 基础改造材料须先行

　　基础工程是家居装修的首要工序，包括封阳台，安装防盗门窗，墙体砌筑，墙地面处理等。其中所需的材料主要有铝合金、塑钢、砖、水泥、砂石混凝土、涂料等。由于这些基础材料品种多样，质量参差不齐，我们在选购的时候一定要仔细辨别，避免买到质量差的材料而影响整个装修进程。这些基础工程对于整个装修来说是极其重要的奠基石，不可忽视。

关键词：材质　质量　价格

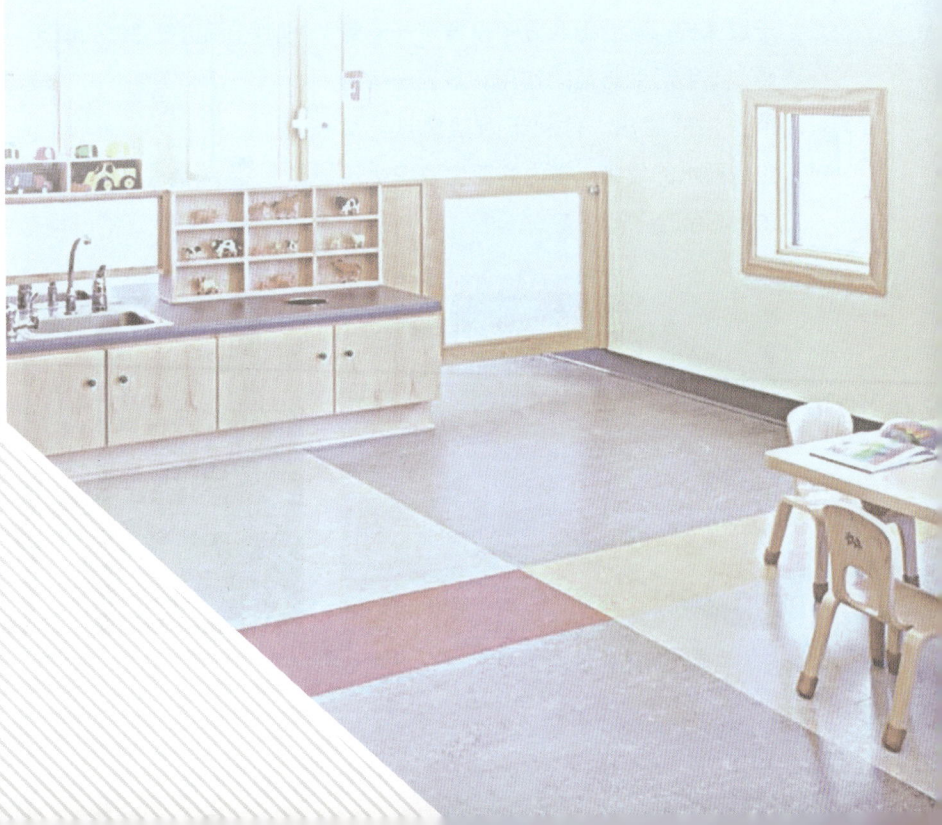

1.1 封阳台

封阳台不仅美观，关键的作用是防盗、防风、防尘、保温、防雨，同时要考虑采光、通风等问题。所以选择封阳台的材料时一定要从多个角度考虑，进行综合的比较再选择。

在家庭装修工程中，一般都要进行封阳台的作业（见图1-1）。封阳台主要考虑采光、通风、保温等方面的内容，低层住户还要考虑其安全性，材料质量不能忽视。封阳台的材料主要包括彩色铝合金、塑钢。

封阳台后，房屋又多了一层保护。在社会治安达不到夜不闭户水平时，多一层保护，就给犯罪分子设置了一道障碍，能够起到防范的作用。多了一层阻挡灰尘的窗户，有利于阻挡风沙、灰尘、雨水的侵袭，室内的卫生状况优于未封阳台的房间。

封阳台后，扩大了使用范围，在居住条件比较紧张的情况下，封闭后的阳台可以作为写字读书、物品储存、健身锻炼的空间，也可作为居住的空间，比未封阳台时，利用的形式更为多样，增加了居室的使用面积。封阳台有利于在设计时统筹考虑，特别是在不规则房间的设计中，应采取封阳台的形式，对不规则空间进行总体的设计（见图1-2）。

1.1.1 铝合金

铝合金（见图1-3和图1-4）是工业中应用最广泛的一类有色金属结构材

图1-1 封阳台作业

图1-2 不规则封阳台设计

图1-3 铝合金板

图1-4 铝合金窗

料,是在纯铝中加入一些合金元素制成的。铝合金比纯铝具有更好的性能。

1. 铝合金的优点

(1)质量轻。铝的密度很小,只是钢铁的1/3。铝合金板材、型材表面便于进行防腐、轧花、涂装、印刷等二次加工,作为装饰材料,便于搬运。

(2)耐腐蚀。铝合金在大气中不会"生锈",耐大气腐蚀性远优于钢铁。铝在大气中时表面很快会生成一层附着力强、有一定保护性的自然氧化膜。

(3)加工成型性好。铝及其合金易于加工成各种形状的产品,板、管、棒、型材都可加工。

(4)成本低。纯铝价格低廉,而且加工生产比较方便,可以大量生产。

(5)回收再生性好。铝合金的回收

再造比较简单。

2. 铝合金龙骨

铝合金龙骨是一种常用的封阳台和吊顶装饰材料,可以起到支撑、固定、美观的作用(见图1-5)。铝合金龙骨应用广泛,主要用于受力构件,如轻质隔墙龙骨(见图1-6)、吊顶主龙骨,各种窗、门、管、盖、壳构造以及装饰或绝热材料。与之配套的是铝合金扣板、硅钙板或矿棉板等,而封阳台用的铝合金龙骨表面要经电氧化处理,具有质轻、高强、不锈、美观、抗震、安装方便等特点。

铝合金龙骨一般分为龙骨底面外露与不外露两种,并设计有专用配件供安装时连接龙骨用。在选购时值得注意的是,铝合金龙骨不是烤漆龙骨,烤漆龙

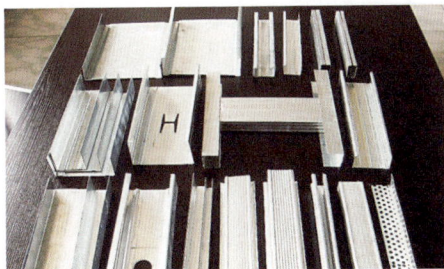

图1-5 铝合金龙骨

图1-6 铝合金龙骨隔墙

骨是用铁制作的。彩色铝合金龙骨的内外质地一致，均有颜色，是在铝合金中加入其他有色金属制成的。

1.1.2 塑钢

塑钢也称塑钢型材（见图1-7），是被广泛应用的一种新型的建筑材料，由于其物理性能如刚性、弹性、耐腐蚀性、抗老化性优异，通常用作铜、锌、铝等有色金属的替代品。在房屋建筑中主要用于推拉门窗、封阳台、平开门窗、护栏、管材和吊顶材料（见图1-8），不仅质量轻，而且韧性好，具有钢的优良性质，有时候也被称作合金塑钢。

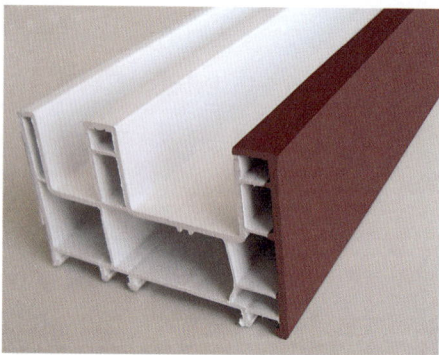

图1-7 塑钢

图1-8 塑钢封阳台

图1-9 塑钢窗

1. 塑钢的优点

塑钢型材之所以能大面积地推广使用，并逐步取代木制和铝门窗，和它的独特优势是分不开的。塑钢封阳台以及门窗（见图1-9）较之铝和木制门窗有以下优势：

（1）价格便宜。塑料的价格远低于具有同等强度和寿命的铝，由于金属价格的大幅上涨，这一优点愈发明显。

（2）色彩丰富。彩色塑钢的适用给建筑增添了不少姿色。以前使用木制门窗，为了达到门窗与建筑外观和谐一致，多在门窗表面喷涂油漆，油漆遇紫外线容易老化剥落，用不了几年就面目全非，与建筑物的寿命很不协调。后来发明了彩色铝门窗，但是价格昂贵，一般消费者承担不起。塑钢门窗的使用完美解决了这个问题，彩色贴膜型材甚至可以做出以假乱真的木纹效果。

（3）经久耐用。在型材型腔内加入增强型钢，使型材的强度得到很大提高，具有抗震、耐风蚀效果。另外型材的多腔结构（见图1-10和图1-11），如独立排水腔，使水无法进入增强型钢

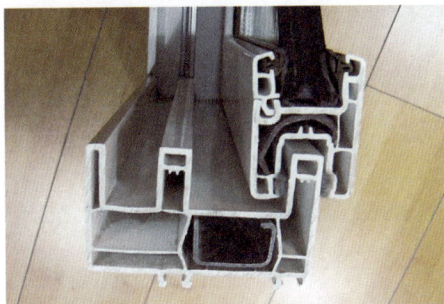

图1-10 塑钢结构（1）

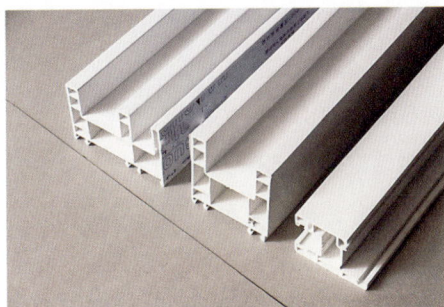

图1-11 塑钢结构（2）

腔，避免型钢腐蚀，使门窗的使用寿命得以提高。抗紫外线成分的加入也使塑钢型材即使在紫外线很强的热带地区也能放心使用。

（4）保温性能好。塑钢型材本身导热性能远不及铝；另外多腔结构的设计更是达到了隔热的效果。研究表明，同等类型的房间夏天使用塑钢门窗的房间室内温度较铝门窗的房间平均低5～7℃，冬季不同地区则要高出8～15℃。

（5）隔声性能好。安装了中空玻璃、密封良好的塑钢门窗具有卓越的隔声性能。隔声已经成为选择门窗的主要条件，特别是在闹市区的住宅。塑钢门窗组装采用焊接工艺，加上封闭的多腔结构，对噪声的屏蔽作用十分明显。

（6）气密性。塑钢门窗安装的所有缝隙处均装有橡塑密封条和毛条，所以其气密性远远高于铝合金门窗。而塑钢平开门窗的气密性又高于推拉窗的气密性，一般情况下，平开窗的气密性可达五级，推拉窗可达二级。

（7）水密性。因塑钢型材具有独特的多腔式结构，具有独立的排水腔，无

论是框还是扇的积水都能有效排出，塑钢平开窗的水密性又远高于推拉窗，一般情况下，平开窗的水密性可达五级，推拉窗可达三级至四级。

（8）抗风压性。在独立的塑材型腔内，可填加1.5～3mm厚的钢衬，并根据当地的风压值、建筑物的高度、洞口大小、窗型设计来选择塑钢的厚度及型材系列，以保证建筑对型门窗的要求。高层建筑可选择大断面推拉窗或内平开窗，抗风压强度可达六级以上，低层建筑可选用外平开窗或小断面推拉窗，抗风压强度一般在三级。

（9）耐腐蚀性。塑钢型材具有独特的配方，具有良好的耐腐蚀性。如果选用防腐五金件，不锈钢型材，则其使用寿命是钢窗的10倍左右。

（10）耐寒性。塑钢型材采用独特的配方，提高了其耐寒性。塑钢门窗可长期使用于温差较大的环境中（-50～70℃），烈日暴晒、潮湿都不会使其出现变质、老化、脆化等现象。最早的塑钢门窗已使用30年，其材质完好如初，按此推算，正常条件下塑钢门窗使用寿命

可达50年以上。

2. 塑钢的缺点

随着塑钢型材的广泛使用，一些缺点也随之暴露出来。我国塑钢型材中的绝大部分劣质型材使用铅盐稳定剂，成品含铅量在0.6%—1.2%之间。铅是一种对人体有害的物质，当劣质型材老化时，会析出含铅粉尘，长期接触后会使血液中铅含量超标，甚至铅中毒。引进的钙锌以及有机锡配方解决了产品含铅的问题，不过由于价格原因和技术的不成熟，没有得到大规模应用。

3. 塑钢的鉴别

（1）看型材的包装。就是看型材上贴的保护膜或者是商标是否平整光滑，有无气泡，从一头到另一头是不是在一条直线上。假冒型材的商标都是手工贴上去的，就会有很多气泡，而且歪歪斜斜的，商标的质量也很差，仔细观察就能看出。

（2）撕掉保护膜看型材的表面，好型材表面非常平整光滑，没有凹凸不平的小点，有亮度，颜色很真很白（见图1-12）。再看型材的壁厚，好的型材主壁厚度能达到2mm以上，还有就是型材的韧性，可以用老虎钳夹住型材壁面，来回掰，好型材是不会轻易就掉的（冬季不适用，因为冬天气温比较低，塑料会变得很脆）。严格按照国家行业有关规定来讲，10℃以下环境是不允许加工塑钢窗的。

（3）看防伪喷码。真型材上都会有防伪喷码（见图1-13）。一般情况不用打查询电话就能分辨出真假来，一根6m长的型材上会有4~6个喷码组，首先看喷码组的字迹是否清晰完整，冒牌型材都是出厂后用很简单的转印机手工刷上去的，模糊不清，真型材的喷码组都是唯一的，而假型材的喷码组都是一样的，也可以打查询电话核对一下喷码组。

图1-12　优质塑钢图

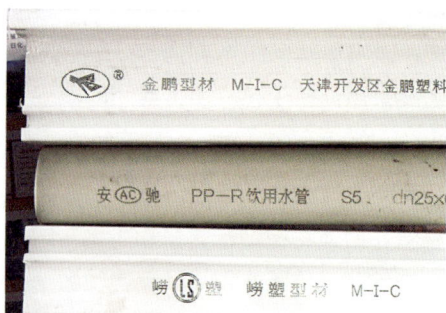

图1-13　防伪喷码

塑钢封阳台的种类

（1）平开窗（见图1-14）。优点是开启面积大，通风好，密封性好，隔声、保温、抗渗性能优良。内开式的擦窗方便；外开式的开启时不占空间。缺点是窗幅小，视野不开阔。外开窗开启要占用墙外的一块空间，刮大风时易受损；而内开窗更是要占去室内的部分空间，使用纱窗也不方便，开窗时使用纱窗、窗帘等也不方便，如质量不过关，还可能渗雨。

（2）推拉窗（见图1-15）。推拉窗优点是简洁、美观，窗幅大，玻璃块大，视野开阔，采光率高，擦玻璃方便，使用灵活，安全可靠，使用寿命长，在一个平面内开启，占用空间少，安装纱窗方便等。目前采用最多的就是推拉窗。缺点是两扇窗户不能同时打开，最多只能打开一半，通风性相对差一些；有时密封性也稍差。推拉窗分左右、上下推拉两种。推拉窗具有不占据室内空间的优点，外观美丽、价格经济、密封性较好。采用高档滑轨，轻轻一推，开启灵活。配上大块的玻璃，既增加室内的采光，又改善建筑物的整体形貌。窗扇的受力状态好、不易损坏，但通气面积受一定限制。

（3）下悬窗（见图1-16）。下悬窗是后来才出现的一种塑钢窗。它是在平开窗的基础上发展出来的新形式。它有

图1-14 塑钢平开窗

图1-15 塑钢推拉窗

图1-16 塑钢下悬窗

两种开启方式，既可平开，又可从上部推开。平开窗关闭时，向内拉窗户的上部，可以打开一条十厘米左右的缝隙，也就是说，窗户可以从上面向下打开一点，打开的部分悬在空中，通过铰链等与窗框连接固定，因此称为下悬式。它的优点是：既可以通风，又可以保证安全，因为有铰链，窗户只能打开100mm的缝，从外面手伸不进来，特别适合家中无人时使用。推拉窗也可以下悬式开启。

1.2　防盗门窗

小安谈家装

　　防盗门窗的原有作用是防盗防护功能，但是因为防盗门窗也直接影响着住宅外部的美观，所以对于防盗门窗的选择我们也需要有比较专业的参考。既能保证其安全性，也能保证观赏性。

　　防盗门窗是在建筑物原来的基础上，加了一层具有防盗防护功能的网状门窗。选购防盗门窗最重要的因素是不锈钢管材材质，管材决定了防盗门窗的坚固程度，优质的不锈钢管材不仅需要符合国家标准，也需要达到一定厚度。

1.2.1　防盗门

1. 防盗门的种类

　　（1）栅栏式防盗门（见图1-17）。就是平时较为常见的由钢管焊接而成的防盗门，它的最大优点是通风、轻便、造型美观，且价格相对较低。该防盗门上半部为栅栏式钢管或钢盘，下半部为冷轧钢板，采用多锁点锁定，保证了防盗门的防撬能力，但在防盗效果上不如封闭式防盗门。

　　（2）实体门（见图1-18和图1-19）。采用冷轧钢板挤压而成，门板全部为钢板，钢板的厚度多为1.2mm和1.5mm，耐冲击力强。门扇双层钢板内填充岩棉保温防火材料，具有防盗、防火、绝热、隔声等功能。一般实体式防盗门都安装有猫眼、门铃等设施。

　　（3）复合式防盗门（见图1-20）。由实体门与栅栏式防盗门组合而成，具有防盗，夏季防蝇蚊、通风乘凉，冬季保暖等优点。

图1-17 栅栏式防盗门

图1-18 实体防盗门

图1-19 实体防盗门

图1-20 复合式防盗门

2. 防盗门材质的种类

（1）钢质。钢质门可以说是市场上见得最多、老百姓用得最多的。百姓所熟悉的防盗门大都属于此系列。这类门价格低廉合理，它的销量占市场总销量的90%以上。这种门的缺点在于外形线条坚硬，很难与现代的室内装饰相融合。

（2）钢木门。钢木门是一种可于室内装修配套的门，一般可由用户提出要求，采用中间的钢板来达到防盗性能，生产厂家可根据用户要求选用不同颜色、木材、线条和图案等与室内装修相协调，不再像钢制门那样冰冷地不协

调。因此它的价格也比钢质防盗门要贵。

（3）铝合金。这种门所用的铝合金材质不同于我们所见到的普通铝合金门窗，它的硬度较高，且色泽亮丽，再饰以花纹图案，给人一种金碧辉煌之感，属中档防盗门。因为这种门不易褪色，所以也拥有一定的消费群体。

（4）不锈钢。不锈钢防盗门（见图1-21）坚固耐用，安全性更高。市场上不锈钢防盗门有很多颜色，有银白色，黄钛金，玫瑰金，红钛金，黑钛金，玫瑰红等。也有冲压花型（见图1-22），一般钢制防盗门的花型在不锈钢门上

图1-21　不锈钢板

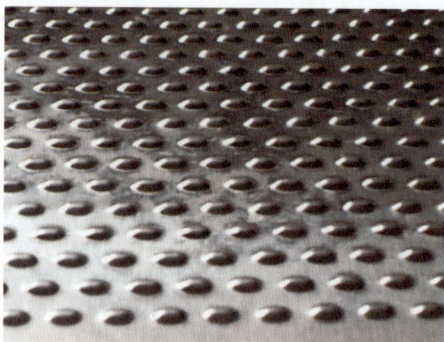

图1-22　冲压不锈钢板

都可以实现。市场上的不锈钢门价格在400～700元/套不等，要看材料是201还是304。做不锈钢门最好选择大一点的厂家，离安装地点近点儿，做售后比较方便。

（5）铜制。大多数的铜制防盗门都将传统防盗与入户门合二为一，款式先进，而且在防火、防腐、防撬、防尘方面都有不错的表现。从材质上讲，铜制防盗门是最好的，从价格上讲，它也是最贵的，市场上能见到的，基本价格都在万元以上，最贵可达数十万元。它主要用于银行等金融机构或者高级住宅别墅。

3. 防盗门的鉴别

（1）消费者应根据居室的门洞尺寸、开启方向、颜色花纹等实际要求选择合适的防盗安全门。

（2）防破坏功能是防盗安全门最重要的功能，在购买时可以要求销售商出示有关部门的检测合格证明，产品质量应符合国家标准《防盗安全门通用技术条件（GB 17565—2007）》的技术要求。

（3）合格的防盗安全门门框的钢板（见图1-23）厚度应在2mm以上，门体厚度一般在20mm以上。应检查门体质量，一般应在40kg以上，并可通过拆下猫眼、门铃盒或锁把手等方式检查门体内部结构，门体的钢板厚度应在0.5mm以上，内有数根加强钢筋骨架，使门体前后面板有机地连接在一起，增强门体的整体强度，门内一般有聚氨酯或者蜂窝纸填充物，具有保温、隔声功能。其中防火门应该填充有石棉（防火棉）等具有防火功能的材料，用手敲击门体，会发出"咚咚"的响声，消费者用手开启和关闭门应灵活。

（4）检查工艺质量。应特别注意检查有无焊接缺陷，诸如开焊、未焊、漏焊等现象。看门扇与门框的配合是否密实，间隙是否均匀一致，开启是否灵活，所有接头是否密实，门板的表面应进行防腐处理，一般应为喷漆和喷塑，漆层表面应无气泡，色泽均匀，大多数门在门框上还嵌有橡胶密封条，关闭门时不会发出刺耳的金属碰撞声。

（5）锁具检查。合格的防盗门一般采用经公安部门检测合格的防盗专用锁（见图1-24）。同时，在锁具处应有

图1-23 钢板

图1-24 防盗门锁具

3.0mm以上厚度的钢板进行保护。现防盗专用锁有许多是多方位锁具，其优点是不仅门锁可以锁定，上下横杆都可插入锁定，对门加以固定，大大增加了门的防撬性能。

（6）品牌保证。品牌是产品质量与服务的标志。品牌主要指产品品牌和经销商品牌，在市场上购买防盗门时，最好到正规的大型家居建材城购买。购买时还应该注意防盗门的"FAM"标志、企业名称、执行标准等内容，符合标准的门才能既安全又可靠。

（7）安装好防盗门后，用户首先要检查钥匙、保险单、发票和售后服务单等配件和资料与防盗门生产厂家提供的配件、资料等是否一致，千万不能出现少钥匙的情况。用钥匙开启已安装于门体的锁具时，锁芯应轻松灵活，无卡滞现象；门在开启90°的过程中，应灵活自如，无卡阻、异响等。

1.2.2 防盗网

防盗网是起防护作用的金属网，多为网状，安装于门、窗、通风口等可被侵入的地方。防盗网是居民楼窗户最主要的安防措施，其主要作用是防止外来者从窗户侵入室内，防止室内人、物从窗户跌出。

防盗网是指起到家居防盗功能的一种物理结构产品，目前已知的防盗网多数采用的都是钢、铁、铝合金等材质，高端的紫外线防盗系统原则上也算是防盗网，但是在普通的居民领域应用得非常少，因而容易被人们所忽视。

防盗网分类如下：

（1）铁质防盗网（见图1-25）。这种防盗网可以称之为铁艺、铁花等，是完全采用铁弯曲与焊接而成的一种网状防盗网，一般采用的是铁条或者是铁片，根据消费者的个人喜爱来选择。因为铁质防盗网容易生锈，所以需要在其表层涂上一些漆，以防止其快速地生锈。

（2）不锈钢防盗网（见图1-26）。不锈钢防盗网是一种非常常见的防盗网，在生活中，随处都可以看到它的身影。虽然不锈钢防盗网解决了铁质防盗网生锈的

图1-25 铁质防盗网

图1-26 不锈钢防盗网

烦恼，但是在艺术造型上却存在着明显的不足，一般采用圆管与方通相互地交错，所以被命名为鸟笼式的防盗网。

（3）铝合金防盗网（见图1-27）。铝合金防盗网是继承了铁质防盗网与不锈钢防盗网两种产品的优点发展而来的，具有非常好的防盗性能，同时具有

不生锈、款式多样、颜色丰富等特点，是最为流行的防盗网之一。

（4）隐形防盗网（见图1-28）。隐形防盗网是为了解决小区不允许安装传统防盗网而发明的一种替补产品，采用钢丝环绕结构，使得防盗网进入到隐形的时代。

图1-27 铝合金防盗网

图1-28 隐形防盗网

小安给你来总结

挑选鉴别防盗门技巧

（1）要求销售商出示有关部门的《检测合格证明》，检查是否符合国家强制标准GB 17565—1998的技术要求。

（2）拆下猫眼、门铃盒或锁把手，检查门体内部结构（见图1-29）。门内应该有数根加强钢筋，使门体前后面板有机地连接在一起。门内最好有石棉等具有防火、保温、隔声功能的材料作为填充物。

（3）检查锁具是否采用了经公安部门检测合格的防盗专用锁，在锁具安装处是否有加强钢板进行保护。

（4）检查产品的工艺质量，是否有焊接缺陷，门扇与门框的配合是否密实等。

（5）称一称防盗门重量，正规防盗门重量不低于40kg。

（6）等级标准。防盗门安全级别可分为甲级、乙级、丙级和丁级，其中甲级防盗性能最高，乙级、丙级次之，丁级最低。我们在建材市场里看到的大部分都是丙级、丁级防盗门，比较适合一般家庭使用。

（7）查验钢板（见图1-30）。国家规定，防盗门的钢板厚度要达到1mm，但是有些企业为了减少成本，仅用0.4mm的钢板，板薄就失去防盗的意义。据防盗门商家介绍，消费者检验钢板时，可以按压门扇里的钢板，如果钢板被按下去，则表明防盗门的质量不过关。

（8）查验下踏（见图1-31）。合格的防盗门下踏采用不锈钢材料，但有些小作坊为了降低成本，用镀锌铁。可以将吸铁石放在下踏上，如果吸铁石吸住很难拿开，则表明下踏材料不合格。

（9）好锁不仅锁点多（见图1-32）。锁具合格的防盗门一般采用三方位锁具，不仅门锁锁定，上下横杆都可插入锁定，对门加以固定。往往有些商家利用锁点多来吸引消费者，其实好锁并非锁点越多越好，锁芯不防盗，再多锁点也没用。

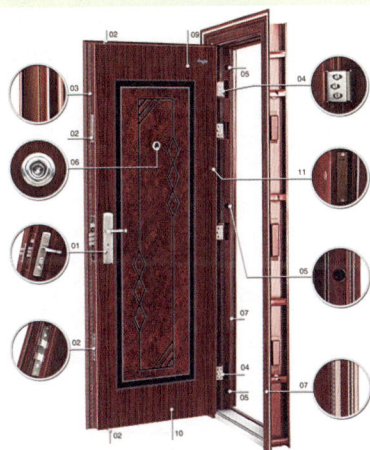

01. 锁 Lock
02. 锁点 The side, top and bottom lock pins
03. 橡胶密封条 Rubber seal
04. 铰链 Hinge
05. 爾豚孔 Bulgy holes
06. 猫眼 Peephole(viewer)
07. 门框 Frame
09. 发泡胶 Polyurethane
10. 门扇 Door leaf
11. 门铃 Door bell

图1-29 防盗门结构

图1-30 防盗门钢板

图1-31　防盗门下榻

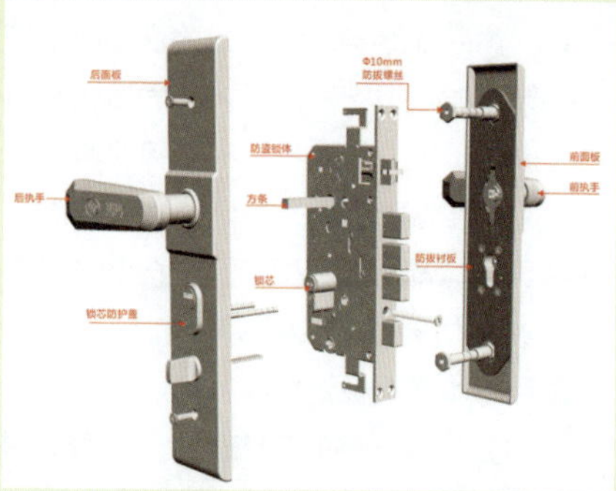

图1-32　防盗门门锁

1.3　墙体砌筑材料

小安谈家装

　　房子是否稳固、牢固，墙体建造尤为重要。作为整个房间架构的支撑，墙体砌筑工作在装修中的重要性就不言而喻了。作为基础工程，我们在选购材料时一定要根据所要砌筑墙体的建筑物的情况来选择适当的材料。

　　最坚固的筑墙方式是逐块搭砌，筑墙时，大多数业主还是像以前那样选择常规的圬工建筑方法。用这种方式建造的房屋墙壁能起到气温缓冲的作用，从而可以确保室内温度和湿度适中。此外，厚重的砖墙也保证了良好的隔声效果。想要找到一种具备各种不同优良物理特性的理想墙壁建筑材料是不太可能的。

　　首先筑墙需要选择承压能力较强的材料，但是承压能力较强的材料在隔热效果方面不理想，隔热效果比较好的建筑材料，又多是气体含量较高的轻质材料。选择筑墙材料时，应该因地制宜，根据不同环境选择不同的材料。

1.3.1　轻质砖

　　轻质砖（见图1-33和图1-34）一般就是指发泡砖，正常室内隔墙都是用这种砖，不会增加楼面负重，而隔声效果又不错。

轻质砖优点如下：

（1）经济性。可以降低基础的造价，减小框架的截面，节约钢筋混凝土，能显著节约建筑物的综合造价。设计使用轻质砖较采用实心黏土砖，综合造价可降低5%以上。

（2）实用性。使用轻质砖可增大使用面积，同时由于轻质砖隔热和保温效果好，在炎热的夏天，室内温度比采用实心黏土砖低2~3℃，减少空调的使用，降低电量消耗。

（3）施工性。轻质砖具有良好的可加工性，施工方便简单，由于块大、质轻，可以减轻劳动强度，提高施工效率，缩短建设工期（见图1-35）。

（4）质量轻。轻质砖密度仅为500~700kg/m³，是普通混凝土的1/4，黏土的1/3，空心块的1/2，由于其容重比水小，俗称浮在水面上的轻质砖，在建筑中使用该产品，可以减轻建筑物的自重，大幅度降低建筑物的综合造价。

（5）保温、隔热。由于轻质砖在制造过程中，内部形成了微小的气孔，这些气孔在材料中形成空气层，大大提高了保温隔热效果，保温效果是黏土砖的5倍，是普通混凝土的10倍（见图1-36）。

（6）吸声、隔声。轻质砖的多孔结构使其具备了良好的吸声、隔声性能，可以创造出高气密性的室内空间，提供

图1-33 墙体砌筑

图1-34 轻质砖

图1-35 大块轻质砖

图1-36 轻质砖气孔

宁静舒适的生活环境。

（7）收缩值小。由于采用了优质河砂和粉煤作为硅质材料，其收缩值仅为0.1～0.5mm/m，收缩值偏小的优良材料确保墙体不会开裂。

（8）不渗透性。本产品的气孔结构，使其毛细作用差，吸水导湿缓慢，同体积吸水至饱和所需时间是黏土砖的5倍。

（9）环保。轻质砖制造、运输、使用过程无污染，保护耕地，降耗节能，属绿色环保建材。

（10）抗震。同样的建筑结构使用轻质砖比黏土砖提高抗震级别。

（11）耐久。轻质砖长期强度稳定，在对试件大气暴露一年后测试，强度提高了25%，十年后仍保持稳定。

（12）可加工性。本产品质量轻，规格大小多样，便于钉、钻、砍、锯、刨、镂，敷设管线，而且在墙面上使用膨胀管，可以直接固定吊橱、空调、油烟机等，安装水电。

（13）耐火：耐火度为700℃，为一级耐火材料，100mm厚的砌块耐火性能

达225分钟，200mm厚的砌块耐火性能达480分钟。

1.3.2　水泥

水泥是一种粉状水硬性无机胶凝材料，加水搅拌成浆体后能在空气或水中硬化，与砂、石胶结形成具有强度的固体砂浆或混凝土，适用于粘结各种墙体砌筑材料和墙地面铺贴材料，浇筑各种梁、柱等实体构造。水泥的品种繁多，在家居装修中用到的水泥产品主要为普通水泥与白水泥。

1. 普通水泥

普通水泥是由硅酸盐水泥熟料、石膏、10%～15%混合材料等磨细制成的水硬性胶凝材料，又称为普通硅酸盐水泥（见图1-37）。普通水泥的密度为3100kg/m³，水泥颗粒越细，硬化得越快，早期强度也就越高（见图1-38）。

（1）普通水泥的规格与价格。普通硅酸盐水泥的用量很大，主要用于墙体构造砌筑、墙地砖铺贴等基础工程，一般都采用编织袋或牛皮纸袋包装产品，

图1-37　调和水泥

图1-38　素水泥凝固

包装规格为25kg/袋，32.5级水泥的价格为20～25元/袋。

（2）普通水泥的鉴别。

1）考虑当地知名品牌，避免假冒伪劣产品。然后，查看包装时即可从外观上识别产品质量，看是否采用了防潮性能好、不易破损的编织袋，看标识是否清楚、齐全。包装袋上应印制注册商标、产地、生产许可证编号、执行标准、包装日期、袋装净重、出厂编号、水泥品种等。

2）打开包装观察水泥，水泥的正常颜色应该呈蓝灰色，颜色过深或发生变化有可能是其他杂质过多。用手握捏水泥粉末应有冰凉感，粉末较重且比较细腻，不应该有各种不规则杂质或结块形态（见图1-39）。

3）询问并观察厂商的存放时间，一般而言，水泥超过出厂日期30天后强度就会下降。储存3个月后的水泥强度会下降15%～25%，1年后降低30%以上，这种水泥不应该购买（见图1-40）。

2. 白水泥

白水泥的全称是白色硅酸盐水泥，是将适当成分的水泥生料烧至部分熔融，加入以硅酸钙为主要成分且铁质含量少的熟料，并掺入适量的石膏，磨细制成的白色水硬性胶凝材料（见图1-41和图1-42）。

（1）白水泥的规格与价格。白水泥在建材市场或装饰材料商店有售，传统包装规格为50kg/袋，但是现代装修用量不大，包装规格与价格也不一样，一般为2.5～10kg/袋，2～3元/kg，掺有特殊

图1-39 水泥粉末手感

图1-40 水泥存放

图1-41 白水泥

图1-42 白水泥存放

添加剂的白水泥会达到5元/kg。

（2）白水泥的鉴别与选购。白水泥的应用方法与选购要点与普通水泥相同，只是装修业主更要注意包装上的名称、强度等级、白度等级、生产时间等信息，最好选购近1个月内新近生产的新鲜小包装产品，而且要特别注意包装的密封性，不能受潮或混入杂物，不同标号与白度的水泥应分别储运，不能混杂使用。

1.3.3 砂石

砂石主要是指河砂与碎石，这些都是水泥、混凝土调配的重要配料。此外，具有一定形态的卵石、岩石也具有装饰性，可以直接用于砌筑构造或铺装，营造出特异的装修风格。

1. 河砂

砂是指在湖、海、河等天然水域中形成与堆积的岩石碎屑，如河砂、海砂、湖砂、山砂等，一般粒径小于4.7mm的岩石碎屑都可以称为建筑、装修用砂（见图1-43）。用于家居装修的砂主要是河砂，河砂质量稳定，一般

含有少量泥土。水泥砂浆、混凝土中的砂用量占30%~60%，河砂的密度为2500kg/m³。砂的粗细程度是指不同粒径的砂粒混合在一起的平均粗细程度，通常有粗砂、中砂、细砂、特细等4种，用于家居装修多为中砂。

（1）河砂的规格与价格。运输成本是影响河砂价格的唯一因素，在大中城市，河砂价格为200元/t左右，也有经销商将河砂过筛后装袋出售的，每袋约20kg，价格为5~8元/袋。

（2）河砂的鉴别与选购。在现代装修中，一般建议只用河砂，海砂中的氯离子会对钢筋、水泥造成腐蚀，影响砌筑或铺贴的牢固度，造成墙面开裂、瓷砖脱落等不良影响。建议在选购河砂时，要注意观察砂的外观色彩，呈土黄色的为河砂，呈土灰色的为海砂，河砂中有少量泥块，而海砂中则有各种海洋生物，如小贝壳、小海螺等。还可以取少量砂用舌尖舔一下，通过咸味判断是否是海砂（见图1-44）。

2. 石料

石料又称石头，石料泛指所有能作

图1-43 河砂

图1-44 海砂

为建筑、装修材料的石头，一般是指粒径大于4.7mm的岩石颗粒（见图1-45和图1-46），常规的石料密度为2700kg/m³左右。

（1）砌体石。主要用于墙体砌筑，一般采用石材与水泥砂浆或混凝土砌筑。石材较易就地取材，在产石地区运用石材砌体比较经济、广泛。砌体石主要用作受压构件，用于底层室内的景观砌筑，或户外庭院围墙、挡土墙砌筑（见图1-47和图1-48）。

（2）鹅卵石。鹅卵石是开采河砂的附属产品，因为状似鹅卵而得名。鹅卵石作为一种纯天然的石材，表面光滑圆整。

颜色多种多样，浓淡、深浅变化万千，使鹅卵石呈现出黑、白、黄、红、墨绿、青灰等多种色彩。鹅卵石在施工时一般是竖向插入水泥砂浆界面中，石料之间镶嵌紧密，无明显空隙，这样才能保证长久不脱落（见图1-49）。一般选择形态较为完整的鹅卵石用于住宅庭院或阳台地面铺装，也可以用于室内墙和地面的局部铺装点缀。鹅卵石粒径规格一般为25~50mm，价格为3~4元/kg。如果希望提升装修品质，还可以根据各地装饰材料市场的供应条件，选购长江中下游地区开采的雨花石，其装饰效果更具特色（见图1-50），只是价格要贵5倍以上。

图1-45 天然岩石

图1-46 天然岩石

图1-47 砌体石

图1-48 砌体石墙体

图1-49 鹅卵石铺地

图1-50 雨花石

1.3.4 混凝土

混凝土是由胶凝材料（如水泥）加水、骨料等按适当比例配制，经混合搅拌、硬化而成的一种人工石材。在家居装修中使用的混凝土是指采用水泥作胶凝材料，用砂、石作骨料，与水按一定比例配合，经搅拌、成型、养护而成的水泥混凝土，也称为普通混凝土。此外，还用于户外墙和地面铺装的装饰混凝土。

1. 普通混凝土

普通混凝土具有原料丰富、价格低廉、生产工艺简单的特点，因而用量越来越大。同时，混凝土还具有抗压强度

高、耐久性好、强度范围广等特点（见图1-51和图1-52）。

（1）混凝土的用途。用于家居装修的普通混凝土密度一般为2500kg/m³，普通混凝土主要用于浇筑室内增加的地面、楼板、梁柱等构造，也可以用于成品墙板或粗糙墙面找平，在户外庭院中可以用于浇筑各种小品、景观、构造等物件。普通混凝土的施工成本较高，以室内浇筑架空楼板为例，配合钢筋、模板等施工费用，一般为800～1000元/m²。

（2）混凝土的规格。混凝土强度等级是标志混凝土的抗压强度、抗冻、抗渗等物理力学性能的指标。混凝土强度等级是指按标准方法制作和养护的边长

图1-51 混凝土

图1-52 混凝土浇筑楼梯

为200mm的立方体标准试件，在28天龄期用标准试验方法所测得的抗压极限强度，以MPa（N/mm²）计。用于住宅装修的混凝土强度通常采用C15、C20、C25、C30，数据越大说明混凝土的强度越高。

（3）混凝土的保养。混凝土配置搅拌后要在2h内浇筑使用，浇筑梁、柱、板时，初凝时间为8～12h、大体积混凝土为12～15h。混凝土浇筑后要注意养护，目的在于创造适当的温湿度条件，保证或加速混凝土的正常硬化（见图1-53～图1-56）。不同的养护方法对混凝土性能有不同影响，我国的标准养护条件是温度为20℃，湿度大于95%。

2. 装饰混凝土

装饰混凝土是近年来一种流行于国外的绿色环保材料，通过使用特种水泥、颜料或选择颜色骨料，在一定的工艺条件下制得的混凝土。

（1）装饰混凝土的特性。它既可以在混凝土中掺入适量颜料或采用彩色水泥，使整个混凝土结构（或构件）具有色彩，又可以只将混凝土的表面部分设计成彩色的。这两种方法各具特点，前者质量较好，但成本较高；后者价格较低，但耐久性较差。

（2）装饰混凝土的用途。装饰混凝土能在原本普通的新旧混凝土的表层，通过色彩、色调、质感、款式、纹理的

图1-53 立柱钢筋与模板

图1-54 楼板钢筋与模板

图1-55 混凝土浇筑

图1-56 成品混凝土厂

创意设计，对图案与颜色进行有机组合，创造出各种天然大理石、花岗岩、砖、瓦、木地板等天然石材铺设效果，具有美观自然、色彩真实、质地坚固等特点（见图1-57和图1-58）。

（3）装饰混凝土的规格。装饰混凝土用的水泥强度等级一般为42.5级，细骨料应采用粒径小于1mm的石粉，也可以用洁净的河砂代替。颜料可以用氧化铁或有机颜料，颜料要求分散性好、着色性强。骨料在使用前应该用清水冲洗干净，防止杂质干扰色彩的呈现效果。此外，为了提高饰面层的耐磨性、强度及耐候性，还可以在面层混合料中掺入适量的胶粘剂。在生产中为了改善施工成型性能，也可以掺入少量的外加剂，如缓凝剂、促凝剂、早强剂、减水剂等。目前，由装饰混凝土制作的地面，具有不同的几何、动物、植物、人物图形，产品外形美观、色泽鲜艳、成本低廉、施工方便（见图1-59和图1-60）。

图1-57　装饰混凝土（1）

图1-58　装饰混凝土（2）

图1-59　普通沥青混凝土

图1-60　彩色沥青混凝土

小安给你来总结

水泥

（1）要避免暴晒，水泥在存放时遇到暴晒，水分会迅速蒸发，水泥强度会大幅降低，甚至完全丧失。

（2）还有业主认为抹灰所用水泥砂浆中的水泥越多，抹灰层就越坚固，其实水泥用量越多，砂浆就越稠，抹灰层体积的收缩量就越大，从而产生的裂缝就越多。调配的水泥砂浆应在2.5h内使用完毕。

河砂

在施工过程中，河砂需要用网筛过才能使用，网孔的内径边长一般为10mm左右（见图1-61和图1-62）。

图1-61　河砂网筛

图1-62　网筛河砂

1.4 墙地面处理

在不少消费者心中，墙面和地面装修就是刷漆、贴壁纸、贴瓷砖和铺地板这几项工作。但是，在家装公司的报价单上，除了上述几个项目外，还有一大堆关于墙、地面基层处理的条目，如墙面找平、阴阳角找直、地面找平，等等。于是不少人认为，这些可能就是传说中的"增项"。而实际上，很多墙、地面基层处理项目是必需的。

家庭装修或工程装修初期水泥地面的封闭处理时，为了保证后期施工顺利以及家装质量，一般会对墙地面进行专业处理（见图1-63和图1-64）。

1.4.1 地固涂料

地固涂料是一种专门用于水泥地面上的涂料，适用于家庭装修或工程装修初期水泥地面的封闭处理，防止跑沙现象（见图1-65和图1-66）。

1. 地固的优点

（1）地固采用进口高分子聚合物经过多道工序复合而成，高分子聚合物能渗透水泥地面，牢牢封锁水泥地面的松散颗粒，使地面形成紧密一体，便于装饰材料与地面的紧密结合，有效防止地砖的空鼓现象。一般来说，家装或工装的水泥地面并不坚实，存在跑沙现象。

（2）地固耐水防潮，可以避免木地板受潮气侵蚀而产生的变形。

（3）地固不含甲醛等有害物质，是绿色环保产品，对人体无害。

（4）地固产品有多种颜色，主要以绿色、蓝色、红色为主，涂刷在地面上具有颜色鲜艳、色彩分布均匀、遮盖力强等特点，干燥后不掉粉，不掉色，可

图1-63 墙地面处理（1）

图1-64 墙地面处理（2）

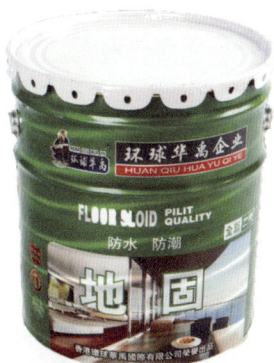

图1-65 地固涂料

图1-66 墙固涂料

图1-67 彩色地固

图1-68 地固涂料

随意清扫（见图1-67和图1-68）。

2. 地固的用途

（1）地固适用于家庭装修或工程装修初期水泥地面的硬化处理，可有效地避免在后续施工过程中水泥地面的灰尘颗粒附着在工作面上，从而提高批刮腻子及涂刷乳胶漆质量。

（2）地固耐水防潮，可以避免木地板受潮气影响，也同时避免日后从地板缝隙中"扑灰"。

（3）地固也可用于石膏找平和地面的固化，用量比水泥地面略大。

1.4.2 墙固涂料

墙固涂料具有优异的渗透性，能充分浸润墙体基层材料表面，通过胶粘使基层密实，提高界面附着力，提高灰浆或腻子和墙体表面的粘接强度，防止空鼓（见图1-69和图1-70），适用于砖混墙面抹灰或批刮腻子前基层的密实处理。

墙固有如下优点：

（1）墙固可以改善光滑基层的附着力，是传统建筑界面剂的更新换代产品。也适用于墙布和壁纸的粘接。

（2）由于涂布方便，胶膜薄，初粘性适宜，特别适宜墙布和壁纸的粘接，不易产生死褶和鼓包。

（3）墙固具有优异的渗透性，能充分浸润基材表面，使基层密实，提高光滑界面的附着力（见图1-71和图1-72）。

（4）墙固无毒、无味，是绿色环保产品。

图1-69 墙固涂料（1）

图1-70 墙固涂料（2）

图1-71 蓝色墙固涂料

图1-72 黄色墙固涂料

小安给你来总结

地固

（1）地固注意事项。使用前先将水泥地面清扫干净，洒少量清水润湿地面，滚刷或涂刷均可，间隔1小时涂第二次。施工温度在5℃以上，理论干燥时间为8小时。地固涂料严禁与其他制剂混合使用。

（2）地固储存和运输。本品储存在5～40℃阴凉通风处，严禁暴晒和受冻，保质期一般为12个月。产品无毒不燃，储存运输可按《非危险品规则》办理。

墙固

（1）墙固用法用量。待墙固涂抹干透或"造毛"养护干燥后即可开始抹灰或批刮腻子，用 1:1 水泥砂浆加入水泥胶浆，将其抹在瓷砖背面找平压实，砂浆自上而下进行，并随时用靠尺检查平整度。

粘结墙布和壁纸时如觉黏度高可加少量水稀释，用墙固"造毛"不得加水使用。消耗量：理论上，1kg 墙固可涂布 10m^2（一遍），实际用量因施工中多种因素影响而有不同。

（2）储存和运输同地固。

第2章 水电管线各类品种多

水路管材需要各种不同型号、规格的管件、转角、接头。选购的时候要根据设计图纸以及住宅空间精确计算，按需购买。电路线材不仅需要优质的材料，更需要精湛的施工工艺，才能保证住宅的安全性。

关键词：管材　线材　工艺

2.1 水路管材管件

虽然水路施工属于家居装修的基础工程，但是完工时我们一定要按照很严格的标准进行验收。因为一旦完成对水路管材的填埋，再要修复则是很麻烦的工程。如果是在整个装修全部完成后进行返修，还会破坏已经完成的装修效果，费时费钱。

管材就是用于做管件的材料。不论是大型的建筑工程还是个人的住宅都需要用到各种类型的管件。首先最常用的就是本章要给大家介绍的各类水路管件。

2.1.1 PP-R管

PP-R管是一种绿色环保管材（见图2-1和图2-2），用于自来水供给管道。在家居装修中，PP-R管不仅是厨房、卫生间冷、热水给水管的首选，还能够用于全套住宅的中央空调、小型锅炉地暖的给水管，以及直接饮用的纯净水的供水管。PP-R冷水管的工作温度最高只能达到70℃，热水管可以达到130℃，冷水管价格比较低廉。为了防止热水器中的热水回流，装修中一般全部采用热水管，使用起来更加安全。而冷水管一般只用于阳台、庭院的洗涤、灌溉给水管。

1. PP-R管的优点

（1）PP-R的原料分子只有碳、氢元素，没有其他有毒害元素存在，卫生可靠，不仅用于冷热水管道，还可以用于纯净饮用水系统。

（2）PP-R管保温节能，导热率仅

图2-1 PP-R管

图2-2 PP-R管与配套管件

为钢管的5%，同时具有较好的耐热性，PP-R管的软化点为130℃，可以满足家居生活的各种给水使用要求。PP-R管使用寿命长，在70℃工作环境下，使用寿命可达50年以上，在20℃常温工作环境下，使用寿命可达100年以上。

（3）PP-R管在施工中安装方便，连接可靠，具有良好的热熔焊接性能，各种管件与管材之间可以采用热熔连接，其连接部位的强度大于管材本身的强度。

（4）PP-R管还可以回收利用，其废料经清洁、破碎后能够回收再利用于管材、管件的生产，且不影响产品质量。

2. PP-R管的规格与价格

大部分企业生产的PP-R管材有S5、S4、S3.2、S2.5、S2等级别，其中S5级管材能够承载1.25MPa（12.5kg）水压，适用于家居装修，因为住宅常规水压为0.3～0.5MPa。以25mm的S5型PP-R管为例，外部25mm，管壁厚2.5mm，长度为3m或4m，也可以定制，价格为6～8元/m。此外，PP-R管还有各种规格接头配件，价格相对较高，是一套复杂的产品体系（见图2-3）。

3. PP-R管的鉴别

（1）观察管材、管件的外观，管材与配件的颜色应该基本一致，内外表面应该光滑、平整、无凹凸、无气泡，不应该含有可见的杂质。管材与各种配件应该不透光，多为苯白、瓷白、灰、绿、黄、蓝等颜色。

（2）测量管材、管件的外径与壁厚（见图2-4和图2-5），对照管材表面印

图2-3　PP-R管管件

图2-4　测量管径

图2-5　测量管壁

刷的参数，看看是否一致，观察管材的壁厚是否均匀，这会影响管材的抗压性能。如果经济条件允许，可以选用S3.2级与S2.5级的产品。

（3）观察PP-R管的外部包装，优质品牌产品的管材两端应该有塑料盖封闭，防止灰尘、污垢污染管壁内侧，且每根管材的外部均有塑料膜包装。可以用鼻子对着管口闻一下，优质产品不应该有任何气味。

（4）观察配套接头配件，尤其是带有金属内螺的接头，其优质产品的内螺应该是不锈钢或铜材，金属与外围管壁的接触应当紧密、均匀，而不应该存在

任何细微的裂缝或歪斜（见图2-6），且每个配件均有塑料袋密封包装。

（5）如果对管材的质量有所怀疑，可以先购买1根让施工员安装，或用打火机燃烧管壁，管材加热时观察是否有掉渣现象或产生刺激性气味，如果没有说明质量不错（见图2-7）。

2.1.2　PVC管

PVC管全称为聚氯乙烯管。PVC管抗腐蚀能力强、易于粘接、价格低、质地坚硬，适用于输送温度小于45℃的排水管道（见图2-8），是当今最流行且也被广泛应用的一种合成管道材料（见图2-9）。在

图2-6　触摸接缝

图2-7　火烧

图2-8　软PVC管

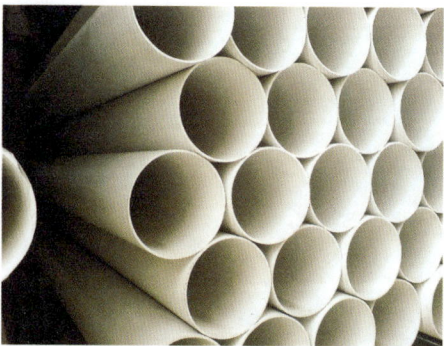
图2-9　硬PVC管

家居装修中，PVC管主要用于生活用水的排放管道，安装在厨房、卫生间、阳台、庭院的地面下，由地面向上垂直预留100～300mm，待后期安装洁具完毕再根据需要裁切。

1. PVC管的规格与用途

（1）40～90mm的PVC管主要用于连接洗面台、浴缸、淋浴房、拖布池、洗衣机、厨房水槽等排水设备。

（2）110～130mm的PVC管主要用于连接坐便器、蹲便器等排水设备。

（3）160mm以上的PVC管主要用于厨房、卫生间的横、纵向主排水管的连接。

2. PVC管的价格

以75mm的PVC管为例材，外部75mm，管壁厚2.3mm，长度一般为4m，价格为8～10元/m。此外，PVC管还有各种规格和样式的接头配件，价格相对较高，是一套复杂的产品体系（见图2-10）。

3. PVC管的鉴别

（1）PVC管表面的颜色。优质的产品一般为白色，管材的白度应该高但并不刺眼，要注意观察。至于市场上出现的浅绿色、浅蓝色等有色产品多为回收材料制作，强度与韧性均不如白色产品的好，仔细测量管径与管壁尺寸，看看是否与标称数据一致（见图2-11和图2-12）。

（2）挤压管材，优质的产品不会发生任何变形，如果条件允许，还可以用脚踩压（见图2-13），以不开裂、不破

图2-10 PVC管管件

图2-11 测量管径

图2-12 测量管壁

碎的为优质产品。还可以用美工刀削切管壁，优质产品的截面质地很均匀，削切过程中不会产生任何不均匀的阻力（见图2-14）。接着，可以先根据需要购买一段管材，放在高温日光下暴晒3～5天，如果表面没有任何变形、变色，则说明质量较好。

（3）套接头配件，接头部位应当紧密、均匀，不能有任何细微的裂缝、歪斜等不良现象，管材与接头配件均应该用塑料袋密封包装。

2.1.3　铝塑复合管

铝塑复合管又称为铝塑管，是一种中间层为铝管，内外层为聚乙烯或交联聚乙烯，层间采用热熔胶粘合而成的多层管，具有耐腐蚀与耐高压的双重优点（见图2-15和图2-16）。

1. 铝塑复合管的种类

（1）普通饮用水的铝塑复合管有白色L标识，适用于生活用水、冷凝水、氧气、压缩空气等（见图2-17）。

（2）耐高温的铝塑复合管有红色R的标识，主要用于长期工作水温大于等于95℃的热水及采暖管道系统。

（3）用于燃气的铝塑复合管有黄色Q的标识，主要用于输送天然气、液化气、煤气管道系统，能经受住较高工作压力，使气体（氧气）的渗透率为0，且管材较长，可以减少接头，避免渗漏，安全可靠

图2-13　脚踩

图2-14　美工刀削切

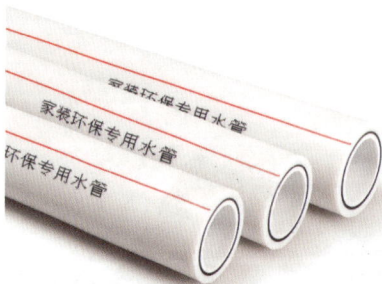

图2-15　铝塑复合给水管

图2-16　铝塑复合燃气管

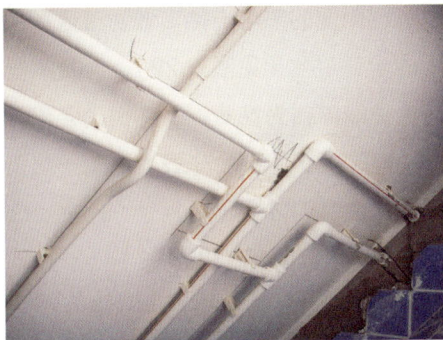
图2-17 铝塑复合给水管安装

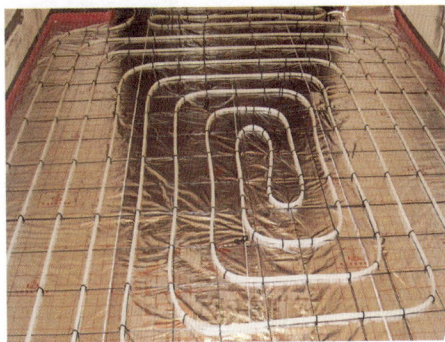
图2-18 铝塑复合地暖管安装

（见图2-18）。

2. 铝塑复合管的规格与价格

铝塑复合管的常用规格有1216型与1418型两种，其中1216型管材的内径为12mm，外径为16mm，1418型管材的内径为14mm，外径为18mm。长度为50m、100m、200m。1216型铝塑复合管的价格为3元/m，1418型铝塑复合管的价格为4元/m。

3. 铝塑复合管的鉴别

（1）观察外观，优质的产品表面色泽与喷码均匀，无色差，中间铝层接口严密，没有粗糙的痕迹，内外表面光洁平滑，无明显划痕、凹陷、气泡、汇流线等痕迹。

（2）根据实际条件，垂直裁切一段铝塑复合管，用手指伸进管内，优质管材的管口应当光滑，没有任何纹理或凸凹，裁切管口没有毛边。

（3）可以用铁锤等较为坚硬的器物轻敲管材。如果管材表面出现弯曲甚至破裂，则为劣质产品，如果撞击面变形后不能恢复，则为一般质地，变形之后可以马上恢复至原形，则为优质产品。

（4）观察配套接头配件，各种规格的接头与管壁的接触应当紧密、均匀，不能有任何细微的裂缝、歪斜等不良现象，管材与接头配件均有塑料袋密封包装。金属接头应为不锈钢或铜质产品（见图2-19）。铝塑复合管的连接形式为卡套式或卡压式，因此在施工中要通过严格试压，检查连接是否牢固，防止经常振动使

图2-19 铝塑复合管管件

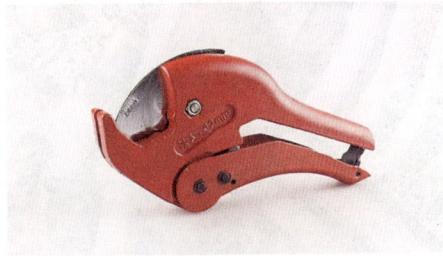
图2-20 铝塑复合管剪钳

卡套松脱。安装铝塑复合管应该采用专用剪钳施工（见图2-20），不能采用锯切方式加工。

2.1.4 铜塑复合管

铜塑复合管又被称为铜塑管，是一种将铜水管与PP-R采用热熔挤制、胶合而成的给水管（见图2-21）。铜塑复合管的内层为无缝纯紫铜管，由于水是完全接触紫铜管的，性能就等同于铜水管。

1. 铜塑复合管的优点

（1）铜塑复合管的外层为PP-R，保持了PP-R管的优点。相比铜水管而言，铜塑复合管具有价格和安装上的优势；相比PP-R管而言，铜塑复合管更加节能、环保、健康。因为在家居生活用水中，水在PP-R管内会长时间滞留，如果使用不合格的PP-R原料甚至采用回收再生材料所生产的管材，就会导致有害物质分子溶于水中，其危害很大。

（2）铜塑复合管配套的是铜塑管接头，其铜塑管接头一般采用紫铜或黄铜作为内嵌件，外部加注塑PP-R材料，可以进行简便的热熔连接，做到普遍意义上的全铜过水（见图2-22）。优质铜塑复合管的内衬为纯紫铜管，很少会出现铜锈，时间长了只会在表面形成一层氧化膜，合金铜才会出现铜锈，因此，纯紫铜管材具有很高的安全性。

2. 铜塑复合管的规格与价格

在现代家居装修中，铜塑复合管适用于各种冷、热水给水管，由于价格较高，还没有全面取代传统的PP-R管。铜塑复合管的外径一般为20mm（4分管）、25mm（6分管）、32mm（1寸管）等。不同厂家的产品其管壁厚度均不相同，但是管材的抗压性能比PP-R管要高很多。以25mm的铜塑复合管为例，管壁厚4.2mm，其中铜管内壁厚1.1mm，长度一般为3m，价格为30元/m。

3. 铜塑复合管的鉴别

（1）观察管材和管件的外观，所有管材和配件的颜色应该基本一致，内外表面应该光滑、平整，无凹凸、无气泡和其他影响性能的表面缺陷，不应该含有可见的杂质（见图2-23）。

图2-21 铜塑复合管与配套管材

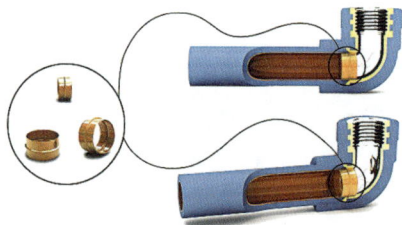

图2-22 铜塑复合管构造

（2）测量管材和管件的外径与壁厚，对照管材表面印刷的参数，看是否一致，尤其要注意管材的壁厚是否均匀，这直接影响管材的抗压性能。可以用手指伸进管内，优质管材的管口应当光滑，没有任何纹路，裁切管口无毛边（见图2-24）。

（3）观察铜塑复合管的外部包装，优质品牌产品的管材两端应该有塑料盖封闭，防止灰尘、污垢污染管壁内侧，且每根管材的外部均配有塑料膜包装。可以用鼻子对着管口闻一下，优质的产品不应该有任何气味（见图2-25）。铜塑复合管施工应采用弯管器（见图2-26）。

（4）最后，观察配套的接头配件，接头配件应当为优质紫铜，每个接头配件均有塑料袋密封包装。如果对管材的质量标识怀疑，可以先买一根让施工员安装，热熔时观察是否出现掉渣现象或产生刺激性气味，如没有则说明质量不错。如果经济条件允许，建议选用知名品牌的产品。

图2-23　铜塑复合管管件

图2-24　触摸内壁

图2-25　闻管口

图2-26　弯管器

PP-R管布设后要标出管道位置，以免二次装修破坏管道。对于已经安装的管道不能重压、敲击，对于易受外力破坏的部位应覆盖保护物。PP-R管长期受紫外线照射易老化降解，安装在户外或阳光直射处必须包扎深色防护层。管道安装后必须给水试压。冷水管试压压力为常规水压的1.5倍，应大于0.8MPa，热水管试验压力为常规水压的2倍，应大于1.2MPa。PP-R管明敷或非直埋敷时，必须安装支架、吊架、卡口件等配件（见图2-27和图2-28）。

选用铜塑复合管还要注意配套性，由于铜塑复合管的价格较高，很少有住宅小区的供水系统采用铜管。如果住宅小区的公共给水管仍然是PP-R管，则住宅装修中使用铜塑复合管的意义不大，只是热水的导热性会好一些。如果选购铜塑复合管，那么安装施工一般应全部交给铜塑复合管的经销商，其属下的施工员会更为熟悉产品的安装工艺。

在墙体和地面安装PVC管时，管槽的开挖宽度与深度只要求能将管材放入管槽内，并能够进行封口即可（见图2-29）。在下沉式卫生间或户外庭院的安装中，不能将表面覆盖介质压夯。PVC管穿越墙体时要在外围套上金属管，穿越混凝土楼板时要增加防火圈（见图2-30）。

图2-27　PP-R管安装（1）

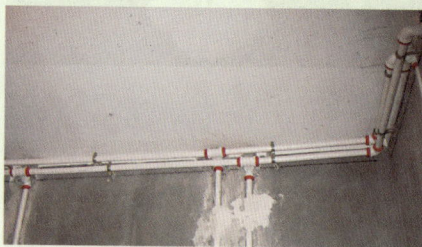

图2-28　PP-R管安装（2）

图2-29　PVC管安装

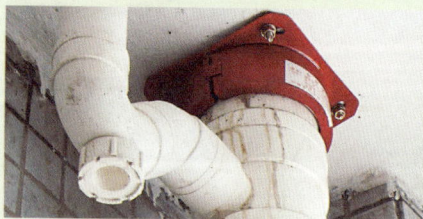

图2-30　PVC管防火圈

2.2 水路辅料配件

小安谈家装

在家居装修中，水路辅料大部分都由家装公司设计并施工。一般情况下一个家装的水路辅料预算的多少由设计、材料、工艺、面积等决定。作为业主只有多了解各种配件价格，才能够做到对家装预算胸有成竹。

在装修中，会有种类繁多的轻工辅料。配件辅料的质量也关乎着整个装修品质的优劣，不可忽视。本章节主要介绍各类水路辅料配件，包括三角阀、给水软管、生料带等。

2.2.1 三角阀

在现代家居装修中，三角阀是必不可少的水路配件材料，它一般安装在固定给水管的末端，起到转接给水软管或用水设备的功能。三角阀又被称为角阀、折角水阀，适用水温小于90℃的冷热水（见图2-31和图2-32）。当住宅小区或自来水公司提供的水压过小或过大时，可以在三角阀上适度调节。如果水龙头、给水软管、用水设备等发生损坏漏水，可以将三角阀关闭后检修，不必触动入户总水阀，不影响其他管道的用水。

三角阀一般安装在洗面盆、水槽、蹲便器、坐便器（见图2-33）、浴缸、热水器（见图2-34）等用水设备的给水处。质量较好的产品可以使用5年以上，价格一般为20～30元/件，少数高档品牌的产品价格高达100元/件以上。

图2-31 三角阀（1）

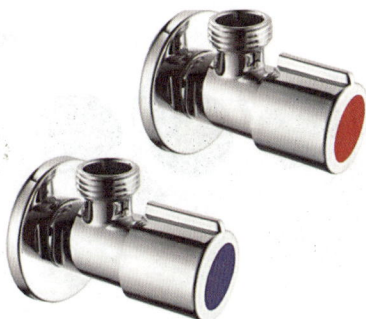

图2-32 三角阀（2）

图2-33 坐便器三角阀的安装

图2-34 热水器三角阀的安装

2.2.2 给水管

1. 镀锌管

镀锌管是最传统的给水管，在普通钢管的表面镀上锌可以防锈（见图2-35和图2-36）。在家居装修中，镀锌管多用为煤气、暖气管或户外庭院的给水管。但是，目前不再把镀锌管作为室内生活水管连接使用，因为使用几年后，管内会产生大量锈垢，流出的黄水不仅污染洁具，还会夹杂细菌，锈蚀造成水中重金属含量过高，严重危害人体健康。使用镀锌管主要是利用其金属材料的强度，用于穿越楼板、墙体的管道安装，避免管道破损，从而增强其使用寿命（见图2-37）。

（1）镀锌管的规格与价格。镀锌管的规格很多，主要有20mm（4分管）、25mm（6分管）、32mm（1寸管）、40mm（1.2寸管）、50mm（1.5寸管）等，每种规格的内壁厚度也有多种规格。以25mm（6分管）的镀锌管为例，其内壁厚度为1.8mm、2mm、2.2mm、2.5mm、2.75mm、3mm、3.25mm等多种，其中壁厚2.5mm的产品抗压性能可以达到3MPa，价格为20～25元/m。

（2）镀锌管的鉴别。优质镀锌管的表面比较光滑，无明显毛刺、扎手感，不能存在黑斑、气泡或粗糙面（见图2-38）。管材的截面应当饱满、圆整、

图2-35 镀锌管（1）

图2-36 镀锌管（2）

图2-37　镀锌管安装

图2-38　镀锌管管件

厚度均匀，不应该存在变形、弯曲、厚薄不均等现象。不能购买已经生锈的管材，否则安装使用后生锈的面积会更大。

2. 不锈钢管

不锈钢管是目前最高档的给水管（见图2-39和图2-40），在住宅装修中，可直接用于饮用水输送。不锈钢管与铜管相比，内壁更为光滑，通水性更高，在流速高的情况下不腐蚀，长期使用不会积垢，不易被细菌污染，无须担心水质会受影响，更能杜绝自来水的二次污染，它的保温性是铜管的20倍。

（1）不锈钢管的规格。在现代住宅装修中，不锈钢管刚刚开始流行。目前在各种材质水管的性能价格比中，最优是不锈钢水管，可以用于各种冷水、热水、饮用净水、空气、燃气等管道系统。壁厚1mm的不锈钢管抗压性能可以达到3MPa，价格为30～40元/m（见图2-41）。

（2）不锈钢管的鉴别。

1）观察管材管件外观，所有管材、配件的颜色应该基本一致，内外表面应光滑、平整，无凹凸，无气泡及其他影响性能的表面缺陷，不应该含有可见杂质。测量管材、管件的外径与壁厚，对照管材表面印刷的参数，看看是否一致，尤其要注意管材的壁厚是否均匀，这直接影响管材的抗压性能。可以用手指伸进管内，优质管材的管口应当光

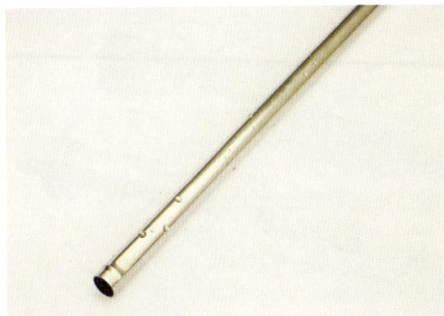
图2-39　不锈钢管（1）

图2-40　不锈钢管（2）

滑,没有任何纹理或凸凹,裁切管口没有毛边。

2)观察不锈钢管的外部包装,优质品牌产品的管材两端应该有塑料盖封闭,防止灰尘、污垢污染管壁内侧,且每根管材的外部均有塑料膜包装。可以用鼻子对着管口闻一下,优质产品不应该有任何气味。

3)观察配套的接头配件,不锈钢管的接头配件应当为固定配套产品,且为同等型号的不锈钢,每个接头的配件均有塑料袋密封包装。如果经济条件允许,建议选用知名品牌的产品。不锈钢管的安装方式现在一般多采取压接工艺,施工时应该使用特殊的卡钳,安装简单,抗漏水性能不错(见图2-42)。

3. 编织软管

编织软管采用橡胶管芯,在外围包裹不锈钢丝或其他合金丝制成的给水管(见图2-43和图2-44)。编织软管要求采用304型不锈钢丝,配件为全铜产品,使用年限一般在5年以上。在家居装修中,编织软管一般用于连接固定给水管的末端和用水设备。

(1)编织软管的规格。编织软管的规格一般以长度判断,主要有400～1200mm多种,间隔100mm为一种规格,其外径为18mm左右,具体测量数据因为产品质量不同存在一定偏差。长600mm编织软管价格为10～15元/支。

图2-41　不锈钢管管件

图2-42　不锈钢管卡钳

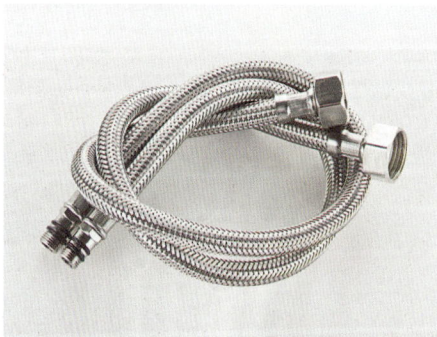

图2-43　编织软管(1)

图2-44　编织软管(2)

（2）编织软管的鉴别。

1）观察管身表面的编织效果，优质产品具有不跳丝、不断丝、不叠丝的特点。编织样式交织的密度越高越好。区分编织密度的高低，只需要观察编织层股与股之间的空隙孔径，孔径越小则密度越高，反之则越低（见图2-45）。

2）观察管身编织材质是否为不锈钢，不锈钢牌号越高说明抗腐蚀能力越强。至于区分不锈钢的具体型号，需要使用不锈钢检测试剂进行检测，一般以304型不锈钢钢丝为中高档产品。

3）观察编织软管其他配件材料的质量，如螺帽、内芯是否为纯铜配件，铜螺帽的工艺是否经过抛光镀铬，表面是否有毛刺，其冲压效果是否粗糙等（见图2-46）。

4）还可以用鼻子闻编织软管的两端是否有刺鼻的气味，内管含胶量越高刺鼻性气味越小，反之则越大（见图2-47）。内管含胶量越高质量越好，抗拉力、耐爆破力等性能也更强。

5）用手将编织软管弯曲，观察其弯曲性能，优质产品的弯曲有一定的阻力，但不会影响施工，且弯曲后能迅速还原，管材自身也不会产生任何变形、收缩、断裂等现象（见图2-48）。

4. 不锈钢波纹管

不锈钢波纹管又称不锈钢软管，是一种柔性耐压管材（见图2-49和图2-50）。

图2-45　触摸表面

图2-46　观察管口

图2-47　闻管口

图2-48　扭曲管身

将304型或301型不锈钢冲压成凸凹不平的波纹形态，可以利用其自身的转折角进行弯曲，安装在给水管末端接头与用水设备之间，能补偿固定给水管长度的不足或位置不符的情况。

（1）不锈钢波纹管的优点。不锈钢波纹管上的凸凹节距比较灵活，有较好的伸缩性，无阻塞与僵硬现象，管材弯曲后其形体不会自动还原，是传统编织软管的全新替代品。

（2）不锈钢波纹管的规格。主要有200～1000mm多种，间隔100mm为一种规格，其外径为18mm左右，具体测量数据因产品质量不同存在一定的偏差。常用长500mm的不锈钢波纹管价格为15～30元/支。

（3）不锈钢波纹管的鉴别。

1）观察管身表面的波纹形态，优质产品具有波纹均匀、整齐、光亮等效果，波纹节距的间距相等（见图2-51）。

2）观察管身的编制材质是否为不锈钢，不锈钢牌号越高说明抗腐蚀能力越强。至于区分不锈钢的具体型号，需要使用不锈钢的检测试剂进行检测，一般以304型不锈钢为中高档产品。

3）观察不锈钢波纹管其他配件材料的质量，如螺帽、内芯是否为不锈钢配件，螺帽的工艺是否是抛光，表面是否有毛刺等，其冲压效果是否粗糙（见图2-52）。

图2-49　不锈钢波纹管

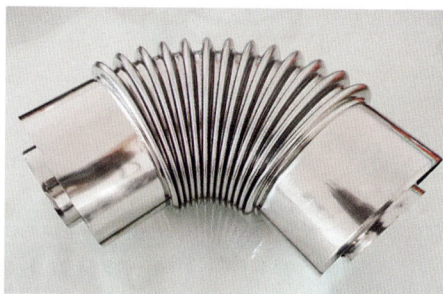
图2-50　不锈钢波纹管管件

图2-51　触摸表面

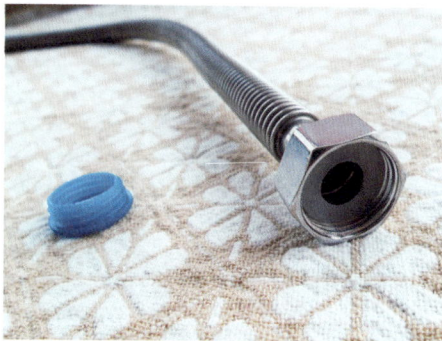
图2-52　观察管口

4）可以用鼻子嗅闻不锈钢波纹管的进水口处是否有刺鼻性气味，垫片与垫圈的含胶量越高刺鼻性气味就越小，反之则越大。含胶量越高管材质量就越好，密封性能也较强（见图2-53）。

5）用手将不锈钢波纹管弯曲，观察其弯曲性能，优质的产品弯曲有一定的阻力，但是不影响施工，且弯曲后能定型且不会还原，波纹节距过渡自然，管材自身更不会产生任何变形、收缩、断裂的现象（见图2-54）。

2.2.3　生料带

生料带是水管安装中常用的一种辅助用品，用于管件连接处，增强管道连接处的密闭性，是一种新颖理想的密封材料（见图2-55和图2-56）。生料带无毒、无味，有优良的密封性、绝缘性，耐腐性。

生料带有以下优点：

（1）绝缘性。不受环境及频率的影响，介质损耗小，击穿电压高。

（2）耐高、低温性。受温度的影响变化不大，温域范围广，可使用温度为−190～260℃。

（3）自润滑性。具有塑料中最小的摩擦系数，是理想的无油润滑材料。

（4）表面不粘性。已知的固体材料都不能粘附在表面上，是一种表面能最小的固体材料。

图2-53　闻管口

图2-54　扭曲管身

图2-55　生料带

图2-56　液体生料带

（5）耐大气老化性，耐辐射性能和较低的渗透性。长期暴露于大气中，表面及性能保持不变。

（6）不燃性。限氧指数在90以下。

小安给你来总结

在我国，生产不锈钢给水管的企业不多。大部分厂家都生产不锈钢装饰管，这些不锈钢型材一般为204型，主要用于门窗防盗网、栏板等构造加工，是不能用作给水管的，否则容易生锈且对人体有害。

在比较潮湿或恶劣环境中使用不锈钢波纹管时，还可以选用包塑不锈钢波纹管，它是在常规不锈钢波纹管表面包裹一层阻燃聚氯乙烯材料，颜色通常为白色、灰色、黑色、黄色等（见图2-57和图2-58），使不锈钢波纹管具有更高的抗拉力、抗破坏、耐压、耐冲击及耐腐蚀等特点，并且具有更好的电磁屏蔽能力。包塑不锈钢波纹管的防水、防油、防腐蚀、密封性更好，产品美观，结构紧密。

图2-57 包塑不锈钢波纹管（1）

图2-58 包塑不锈钢波纹管（2）

2.3 电源线

在装修中，电路布设面积大，电路施工材料要保证使用安全，如果损坏会造成严重的后果。因为不能随意拆卸埋设在墙体中的管线设备，所以维修起来也比较困难。电路线材的选购要特别注意质量，除了选用正宗品牌的线材外，还要选择优质的辅材，配合精湛的施工工艺，才能保证其使用安全。

电源线是传输电流的电线，是电能传输、使用的载体。它的内部由一根或几根金属导线组成，外面包裹着一层护套线。

2.3.1 单股线

单股线即单根电线，又可细分为软芯线与硬芯线，内部是铜芯，外部包裹PVC绝缘层（见图2-59和图2-60）。为了方便区分，单股线的PVC绝缘套有多种色彩，如红、绿、黄、蓝、紫、黑、白与绿黄双色等，在同一装修工程中，选用电线的颜色及用途应该一致。阻燃PVC线管表面应该光滑，壁厚要求达到手指用劲捏不破的程度。

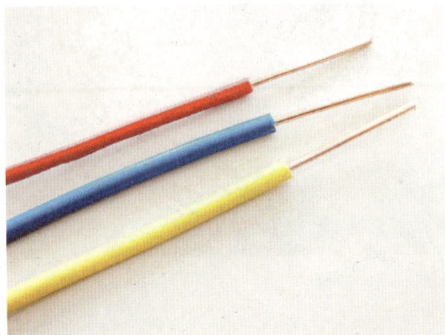

1. 单股线的规格

单股线以卷计量，每卷线材的长度标准应为100m。普通照明用线选用1.5mm^2，插座用线选用2.5mm^2，热水器、壁挂空调等大功率电器设备的用线选用4mm^2，中央空调等超大功率电器可选用6mm^{2}以上的电线。1.5mm^{2}的单股单芯线价格为100～150元/卷，2.5mm^{2}的单股单芯线价格为200～250元/卷，

图2-59 单股线

图2-60 单股线包装

4mm^{2}的单股单芯线价格为300～350元/卷，6mm^{2}的单股单芯线价格为450～500元/卷，每卷100m。此外，为了方便施工，还有单股多芯线可供选择，其柔软性较好，但同等规格价格要贵10%左右。

2. 单股线的鉴别

在选购时要注意，单股线表面应该光滑，不起泡，外皮有弹性，每卷长度应大于98m，优质电线剥开后铜芯有明亮的光泽，柔软适中，不易折断。

2.3.2 护套线

护套线是在单股线的基础上增加了1根同规格的单股线，即成为由2根单股线组合为一体的独立回路，这2根单股线为1根火线（相线）与1根零线，部分产品还包含1根地线，外部包裹有PVC绝缘套统一保护（见图2-61和图2-62）。PVC绝缘套一般为白色或黑色，内部电线为红色与彩色，安装时可以直接埋设到墙内，使用方便。

1. 护套线的规格与价格

护套线都以卷计量，每卷线材的长度标准应该为100m。护套线的粗细规格一般按铜芯的截面面积进行划分，一般而言，普通照明用线选用1.5mm^2，插座用线选用2.5mm^2，热水器等大功率电器设备的用线选用4mm^2，中央空调超大功率电器可以选用6mm^{2}以上的电线。1.5mm^{2}的护套线价格为300～350元/卷，2.5mm^{2}的护套线价格为450～500元/卷，4mm^{2}的护套线价格为800～900元/卷，6mm^{2}的单股单芯线价格为1000～1200元/卷，每卷都是100m。

2. 护套线的鉴别

在选购时要注意，护套线表面应该光滑，不起泡，外皮有弹性，每卷长度应大于98m，优质电线剥开后铜芯明亮光泽、柔软适中且不易折断。

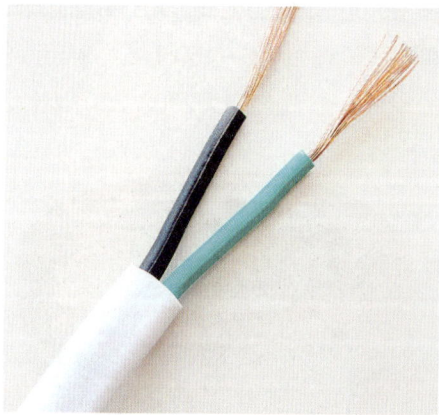

图2-61　护套线

图2-62　护套线包装

小安给你来总结

单股线的施工

单股线的施工要求严谨、细致，应聘请具有职业资格等级证书的电工进行操作，避免发生安全事故与材料浪费现象。单股线一般采用PVC穿线管套接，也可以采用镀锌管作为穿线管，抗压强度更高。

护套线的施工比较简单，施工员无须组建回路，也不需要外套PVC管，适用于中小户型的装修。除了无须外套PVC管以外，其他施工要点与单股线一致，只是在环境恶劣的条件下，如户外庭院、混凝土构造中布线仍需外套穿线管。

2.4 信号线

小安谈家装

不同用途的信号线有不同的标准，我们在选购时应根据不同的标准来选用适合的信号线。在平时使用时也要注意保养，避免人为损坏。

信号线主要用于传递传感信息与控制信息。不同用途的信号线往往有不同的行业标准，本章节介绍电视线、网路线、音箱线和电话线。

2.4.1 电视线

电视线又称为视频信号传输线，是用于传输视频与音频信号的常用线材，一般为同轴线（见图2-63和图2-64）。电视线的质量优劣直接影响电视的收看效果。网是外面铝丝的根数，直接决定了传送信号的清晰度与分辨率。

1. 电视线的规格与价格

电视线的一般型号为SYV75-X。SYV75-3能正常工作的传输距离为100m，SYV75-5为300m，SYV75-7为500～800m，SYV75-9为1000～1500m。同一规格的电视线有不同价位的产品，其中主要区别在于所用的内芯材料是纯铜的还是铜包铝的，或外屏蔽

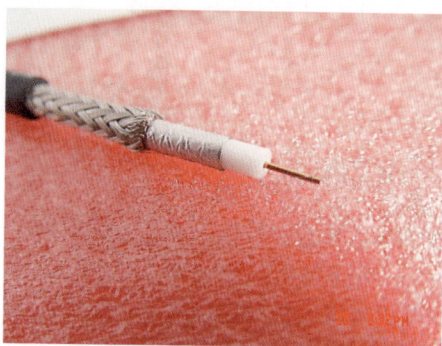
图2-63　电视线

图2-64　电视线接头

层铜芯的绞数，如96编（指由96根细铜芯编织）、128编等，编数越多，屏蔽性能就越好。目前，常用的型号一般是SYV75-5，128编的价格为150～200元/卷，每卷100m。

2. 电视线的鉴别

选购时要注意，最好选择4层屏蔽电视线。选择电视线最重要的是看电线的编织层是否紧密，越紧密说明屏蔽功能越好，电视信号也就越清晰。也可以用美工刀将电视线划开，观察铜丝的粗细，铜丝越粗，证明其防磁、防干扰信号的能力越好。

2.4.2　网路线

网路线是指计算机连接局域网的数据传输线，在局域网中常见的网线主要为双绞线。双绞线采用一对互相绝缘的金属导线互相绞合用以抵御外界电磁波干扰，每根导线在传输中辐射的电磁波会被另一根线所发出的电磁波抵消，双绞线的名字由此得来（见图2-65～图2-68）。

1. 网路线的种类

目前，双绞线可以分为非屏蔽双绞线与屏蔽双绞线，非屏蔽双绞线直径小，节省空间，其重量轻、易弯曲、易安装，阻燃性好，能够将近端串扰减至

图2-65　网路线

图2-66　网路线包装

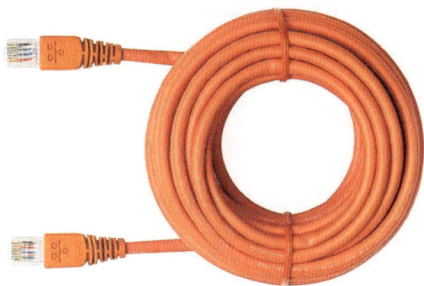

图2-67 成品网路线

图2-68 网路线接头

最小或消除。屏蔽双绞线电缆的外层由铝铂包裹，以减小辐射，但并不能完全消除辐射，价格相对较高，安装时要比非屏蔽双绞线困难。

2. 网路线的规格

常见的双绞线有5类线、超5类线、6类线等几种，5类线线径细而后两者线径粗。目前，在家居装修中运用最多的是超5类线与6类线。超5类线衰减小，串扰少，性能较高，主要用于千兆位（1Gbps）以太网。6类线的电缆的传输频率为1~250MHz，它提供2倍于超5类线的带宽。6类线的传输性能远高于超5类线标准，最适用于传输速率大于1Gbps的网络。目前常用的6类线价格为

300~400元/卷。

3. 网路线的鉴别

（1）辨别正确的标识，超5类线的标识为cat5e，带宽155M，是目前的主流产品；六类线的标识为cat6，带宽250M，用于千兆网。正宗网路线在外层表皮上印刷的文字非常清晰、圆滑，基本上没有锯齿状（见图2-69）。伪劣产品的印刷质量较差，字体不清晰，或呈严重锯齿状。在施工过程中，网路线要用专业的网线钳加工（见图2-70）。

（2）可用手触摸网路线，正宗产品为了适应不同的网络环境需求，都是采用铜材作为导线芯，质地较软，而伪劣产品为了降低成本，在铜材中添加了其

图2-69 网路线文字

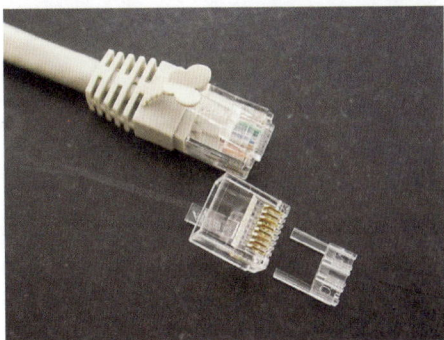

图2-70 网线钳

他金属元素，导线较硬，不易弯曲，使用中容易产生断线。

（3）可以用美工刀割掉部分外层表皮，使其露出4对芯线。其绕线密度适中，呈逆时针方向。伪劣产品的绕线密度很小，方向也凌乱。

（4）最后，可以用打火机点燃，正宗的网路线外层表皮具有阻燃性，而伪劣产品一般不具有阻燃性，不符合安全标准。

2.4.3　音箱线

音箱线又被称为音频线、发烧线，是用来传播声音的电线，由高纯度铜或银作为导体制成，其中铜材为无氧铜或镀锡铜（见图2-71和图2-72）。音箱线由电线与连接头两部分组成，其中电线一般为双芯屏蔽电线，连接头常见的有RCA（莲花头音频线）、XLR（卡农头音频线）、TRSJACKS（俗称插笔头）。

1. 音箱线的规格

常见的音箱线由大量的铜芯线组成，有100、150、200、250、300、350芯等多种，其中使用最多的是200芯

与300芯的音箱线。一般而言，200芯就能满足基本需要。如果对音响效果要求很高，要求声音异常逼真等，可以考虑用300芯的音箱线。音箱线在工作时要防止外界的电磁波干扰，需要增加锡与铜线网作为屏蔽层，屏蔽层一般厚1～1.3mm。常用的200芯纯铜音箱线价格为5～8元/m。

2. 音箱线的鉴别

选购时不能片面迷信高纯材料制成的音箱线，现在很多顶级音箱线都采用合金材料，因为每种单一材料都有声音的表现个性，材料越纯，个性越明显，不同材料的线材混合使用会在一定程度上调整音色，改善音质，品牌产品一般都用不同材质的合金材料制成。

2.4.4　电话线

电话线是指电信工程的入户信号传输线（见图2-73和图2-74），主要用于电话通信线路连接。

1. 电话线的规格

电话线表面绝缘层的颜色有白色、黑色、灰色等，外部绝缘材料采用高密

图2-71　音箱线

图2-72　音箱线接头

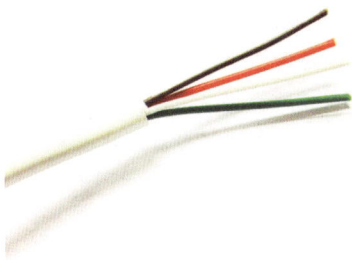

图2-73 铜芯电话线

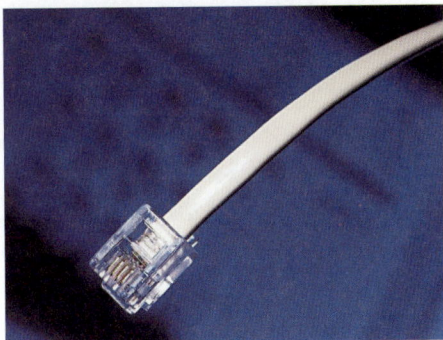

图2-74 电话线接头

度聚乙烯或聚丙烯。电话线的内导体为退火裸铜丝，常见的有2芯与4芯两种产品。2芯电话线用于普通电话机，4芯电话线用于视频电话机。内部导线规格为0.4mm与0.5mm，部分地区为0.8mm与1mm。电话线的包装规格为100m/卷或200m/卷，其中4芯全铜的电话线的价格为150～200元/卷。

2.电话线的鉴别

（1）由于电话线用量不大，因此一般建议选用知名品牌的产品，以确保质量。

（2）要关注导线材料，导线应该采用高纯度无氧铜，其传输衰减小，信号损耗小，音质清晰无噪，通话无距离感。

（3）关注护套材料，高档品牌产品多采用透明护套，耐酸、碱腐蚀，防老化，且使用寿命长。透明护套中的铅、镉等重金属与重金属化合物的含量极低，具有较高的环保性。

小安给你来总结

1.网路线

在家居装修中，从家用路由器到计算机之间的网路线一般应小于50m。网路线过长会引起网络信号衰减，沿路干扰增加，传输数据容易出错，因而会造成上网卡、网页出错等情况，给人造成网速变慢的感觉，实际上网速并没有变慢，只是数据出错后计算机对数据的校验与纠错时间增加了。

2.音箱线

音箱线的施工与电视线基本相同，应当单独布设。关键在于音箱设备的摆放，功放一般放置在左、右声道音箱之间，两个声道的音箱线应一样长，每声道为2～3m为宜。一般而言，主音箱应该选用300芯以上的音箱线，环绕音箱用200芯左右的音箱线。

3. 电话线

（1）电话线施工时应该与其他电源线或信号线分开布置，以免电磁信号干扰电话的通话质量，现在更多家庭用户都使用无绳电话，电话线入户后应该将终端预留在整套住宅中央墙体的顶端为最佳。

（2）电视线所用的穿线管可以选用带屏蔽功能的PVC穿线管，虽然价格较高，但是传输信号的质量有保证。施工时电视线应当单独布设，电视线与其他电源线或信号线的平行距离应该在300mm以上，以免电视信号受到干扰。

2.5 电路辅料配件

小安谈家装

为了保证电路使用的安全，在选购电路线材时不仅要选择优质的线材产品，还要注意辅料配件的材料。如果辅料配件质量不达标也会影响电路线材，甚至出现很严重的问题。而且配件的价格差距也比较大，需求量比较大时业主可以亲自挑选。

电路铺设是比较复杂的工序，不仅需要铺设各类电路线材，还需要很多辅助配件才能进行施工。本章节主要介绍穿线管、电工胶带、卡钉等材料。

2.5.1 PVC穿线管

PVC穿线管采用聚氯乙烯（PVC）制作的硬质管材，它具有优异的电气绝缘性能，且安装方便，适用于装修工程中各种电线的保护套管，使用率达90%以上（见图2-75和图2-76）。

1. PVC穿线管的规格

PVC穿线管按联结形式分为螺纹套管与非螺纹套管，其中非螺纹套管较为常用。PVC穿线管的规格有16mm、20mm、25mm、32mm等多种，内壁厚度一般应大于1mm，长度为3m或4m。为了在施工中有所区分，PVC穿线管有红色、蓝色、绿色、黄色、白色等多种颜色。其中20mm的中型PVC穿线管的价格为1.5～2元/m。为了配合转角处施工，还有PVC波纹穿线管等配套产品，

图2-75 PVC穿线管

价格低廉，一般为0.5~1元/m。

2. PVC穿线管的选购

PVC穿线管的选购方法与PVC排水管类似，具体应该根据施工要求进行选购（见图2-77）。如果装修面积较大，且房间较多，一般在地面上布线，要求选用强度较高的重型PVC穿线管，而装修面积较小、房间较少的话，可以在墙、顶面上布线，可以选用普通中型PVC穿线管。在转角处除了采用同等规格与质量的PVC波纹穿线管外（见图2-78），还可以选用转角、三通、四通等成品PVC管件。在混凝土横梁、立柱处的转角，可以局部采用编织管套。

图2-76 PVC穿线管布设

如果穿线管的转角部位很宽松，还可以使用弯管器直接加工，这样能提高施工效率。

2.5.2 电工胶带

电工胶带又称为电工绝缘胶带、绝缘胶带、PVC电气胶带等（见图2-79和图2-80），适用于电线接驳、电子零件的绝缘固定，有红、黄、蓝、白、绿、黑、透明等颜色。

1. 电工胶带的优点与价格

电工胶带具有良好的绝缘、耐燃、耐电压、耐寒等特性，电工胶带价格低廉，宽度15mm，价格为1~2元/卷，少

图2-77 金属穿线管

图2-78 PVC波纹穿线管

图2-79　电工胶带

图2-80　电工胶带粘贴

数品牌产品为3~5元/卷，厚度较大。

2. 电工胶带的鉴别

（1）关注压敏胶的质量优劣，压敏胶必须具有足够的粘合强度，才能保证粘合后电线能正常使用。

（2）注意黏度，如果黏度太大，则涂层较厚、耗胶量大、干燥减慢，直接影响到粘合强度；如果黏度太小，则涂层较薄、干燥过快、易出现粘合不良等问题，可以将电工胶布粘在比较光滑的材料上再揭开，以阻力均衡为佳（见图2-81）。接着，注意干燥速度，电工胶布粘贴后能立即发挥作用，将电线粘接在一起，没有任何延迟，可以随时进入下一道工序。

（3）关注电工胶布的抗拉伸强度，

用力平直拉伸电工胶布，不应轻松断裂。切断电工胶布时，应该使用刀具割断或撕裂（见图2-82）。

2.5.3　卡钉

卡钉是应用于固定加热管的常用器件，固定管材简单容易，手工操作简便。卡钉应用于固定加热管非常普遍（见图2-83和图2-84）。

1. 卡钉的优点

（1）施工速度快，由于比重比较小、质量轻，易于搬运和运输。

（2）材料具有回收再利用的优势，日产量大，成本低廉，安装效率高，可节约大量施工费及缩短安装日期。

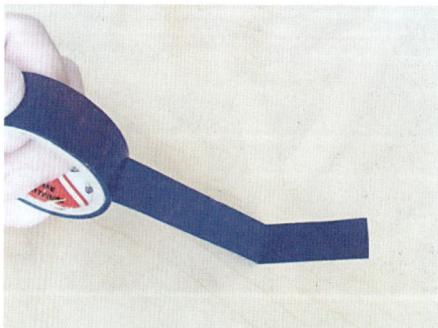

图2-81　粘合强度

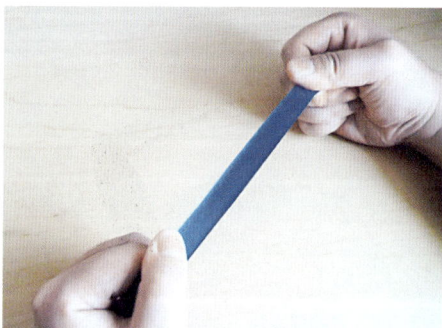

图2-82　拉扯测试

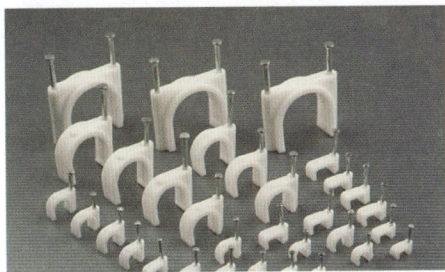

图2-83　卡钉（1）

图2-84　卡钉（2）

（3）使用安装简便，不需专业技术操作人员施工。

（4）卡钉固定安装后不会影响地热管材的发热系数，同是塑料材质，表面硬度和热膨胀系数相近，不会碰坏插伤管材。

2. 卡钉的鉴别

（1）主要看塑料卡钉硬度和韧度，卡钉尖部能顺利插进铝箔纸，插入保温层后两对倒齿迅速张开，以达到最大拉力。

（2）检查倒齿的力学角度是否合理，倒齿太短、太硬或倒齿间距过大造成用力时倒齿翻转就挂不住保温层，增加了卡钉使用量，降低了施工效率。

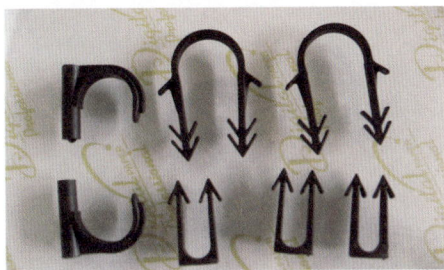

（3）卡钉应在-10℃的环境下任意折、卷、扭曲、冲击、重压，都不会断裂，保持稳定的固定性能；同时具备高硬度和良好的韧度，这样可使卡钉尖部保持足够锋利，施工者能很轻易地把卡钉按压进保温层，让施工者使用更轻松。

（4）无残缺，无飞刺，无残次品。

（5）手工拍插，手感舒适，按压时对手不会产生伤害。

3. 卡钉的规格

宽度、壁厚根据管径大小制定。包装为袋装，一般为10000只/袋，可订购包装数量（例：ϕ20卡钉，10000只重量约为8.5kg）。

小安给你来总结

在对电工胶带施工时，将胶布缠绕电线5圈左右即可，缠绕过厚不仅不利于散热，还会占用不少安装空间，使接线暗盒内显得拥挤。

卡钉直观为两对倒齿，及配钢钉2种。其中两对倒齿卡钉的使用优势最为明显，其倒齿的力学角度设计合理，倒挂力最强，因而在国内专业施工中大量采用两对倒齿的卡钉。配钢钉使用的卡钉主要应用在EPE珍珠棉做保温层的地暖工程中。

第3章 陶瓷墙地砖质量识别

　　墙地面砖是家装中不可缺少的材料，厨房、卫生间、阳台甚至客厅、走道等空间都会大面积采用这种材料，其生产与应用具有悠久的历史。在装饰技术进步与生活水平迅速发展的今天，墙地面砖的生产更加科学化、现代化，其品种、花色多样，性能也更加优良。由于表面质地相差不大，在选购时要注意识别。

关键词：品种　花色　质量

3.1 墙面砖

　　墙面砖在家居装修中主要用于洗手间、厨房、室外阳台，也可以作为一种装饰元素用在墙面、门窗边缘、踢脚线等地方。作为业主，在参与家装的过程中，可以根据个人审美以及不同位置特性选购适合的墙面砖，也可以提出个人的设计想法，利用墙面砖装饰住宅。

　　墙面砖适用于洗手间、厨房、室外阳台的立面装饰。贴墙砖是保护墙面免遭水溅的有效途径。它们不仅用于墙面，也用在门窗的边缘的装饰上。既美观又保护墙基不易被鞋或桌椅凳脚弄脏。用于水池和浴室的瓷砖，要美观、防潮、耐磨兼顾。

3.1.1 釉面砖

　　釉面砖又称为陶瓷砖、瓷片，是装饰面砖的典型代表，是一种传统的卫生间、厨房墙面铺装用砖（见图3-1和图3-2）。由于釉料与生产工艺不同，一般分为彩色釉面砖、印花釉面砖等多种，表面可以制作成各种图案与花纹（见图3-3）。根据表面光泽不同，釉面砖又可以分为高光釉面砖与亚光釉面砖两大类。釉面砖的表面用釉料烧制而成，而主体又分陶土与瓷土两种，陶土烧制出来的背面呈灰红色，瓷土烧制的背面呈灰白色。

1. 釉面砖的种类

　　（1）陶土烧制而成的釉面砖吸水率较高，质地较轻，强度较低，价格低廉。

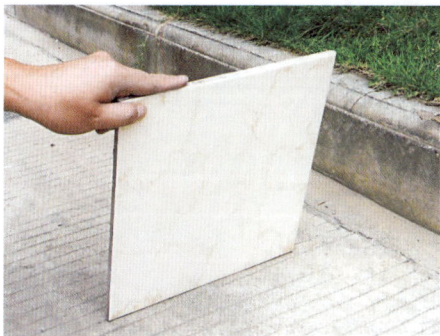

图3-1　釉面砖（1）

图3-2　釉面砖（2）

图3-3　釉面砖样式

（2）瓷土烧制而成的釉面砖吸水率较低，质地较重，强度较高，价格较高。

现今主要用于墙地面铺设的是瓷制釉面砖，质地紧密，美观耐用，易于保洁，孔隙率小，膨胀不显著。

2. 釉面砖的用途与规格

在现代家居装修中，釉面砖主要用于厨房、卫生间、阳台等室内外墙面铺装（见图3-4），其中瓷质釉面砖可以用于地面铺装。墙面砖规格一般为250mm×330mm×6mm、300mm×450mm×6mm、300mm× 600mm×8mm等。高档墙面砖还配有相当规格的腰线砖、踢脚线砖、顶脚线砖等，均施有彩釉装饰，且价格高昂，其中腰线砖的价格是普通砖的5～8倍。地面砖规

格一般为300mm×300mm×6mm、330mm×330mm×6mm、600mm×600mm×8mm等，中档瓷质釉面砖的价格为40～60元/m^2。

3. 釉面砖的鉴别

（1）观察外观。从包装箱内拿出多块砖，平整地放在地上，看砖体是否平整一致，对角处是否嵌接整齐，没有尺寸误差与色差的就是上品（见图3-5）。此外，优质产品图案纹理细腻，不同砖体表面没有明显的缺色、断线、错位等。看背面颜色，全瓷釉面砖的背面应呈现出乳白色（见图3-6），而陶质釉面砖的背面应该是土红色的。

（2）用尺测量。在铺装时应采取无缝铺装工艺，这对瓷砖的尺寸要求很高，最好使用卷尺检测不同砖块的边长是否一致（见图3-7）。

（3）提角敲击。用手指垂直提起陶瓷砖的边角，让瓷砖自然垂下，用另一手指关节部位轻敲瓷砖中下部，声音清亮响脆的是上品，而声音沉闷混浊的是下品（见图3-8）。

图3-4　釉面砖铺装卫生间

图3-5　观察表面色差

图3-6　观察背面

图3-7　测量尺寸

（4）背部湿水。将瓷砖背部朝上，滴上少许淡茶水，如果水渍扩散面积较小则为上品，反之则为次品（见图3-9）。优质陶瓷砖密度较高，吸水率低，强度好；低劣陶瓷砖密度很低，吸水率高，强度差，且铺装完成后，黑灰色的水泥色彩会透过砖体显露在表面。

4. 釉面砖的保养方法

（1）在日常使用中，釉面砖要注意清洁保养。对于釉面砖而言，砖面的釉层是非常致密的物质，有色液体或污垢一般不会渗透到砖体中，使用抹布蘸水或加清洁剂擦拭砖面即能清除砖面的污垢。

（2）如果是凹凸感很强的釉面砖，凹凸缝隙里面容易积压很多灰尘，可以使

用尼龙刷子刷净。针对茶水、冰激凌、咖啡、啤酒等长期残留的污渍可以使用瓷砖专用清洁剂清洗。釉面砖上沉淀的铁锈污染应使用除锈剂。油漆、绘图笔等污染可以使用牙膏反复摩擦，去污效果不错。

（3）如果在装修中选用的是高档釉面砖，那为每隔6~10个月应在表面打上液体免抛蜡、液体抛光蜡或者进行晶面处理。平时也可以采用静电吸引剂配合牵尘器使用进行保养。

3.1.2 锦砖

锦砖又称为马赛克、纸皮砖，是指在装修中使用的拼成各种装饰图案的片状小砖。传统锦砖一般是指陶瓷锦砖，于20世纪

图3-8　敲击边角

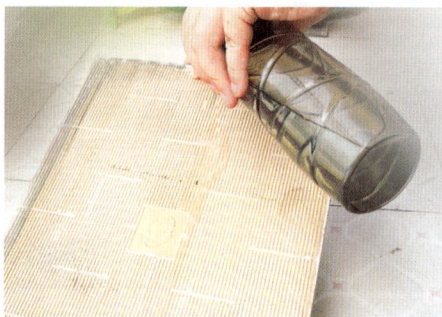

图3-9　吸水密度

70~80年代在我国流行一时，后来随着釉面砖的发展，因陶瓷锦砖产品种类有限，逐步退出市场。如今随着家装设计风格的多样化，锦砖又重现历史舞台，其品种、样式、规格更加丰富（见图3-10和图3-11）。

1. 锦砖优点

（1）锦砖以吸水率小，抗冻性能强为特色，现在逐渐成为家居装修的重要材料，特别是晶莹、细腻的质感，能提高装修界面的耐污染能力，并体现材料的高贵感。

（2）锦砖砖体薄，自重轻，紧密的缝隙能保证每块材料都牢牢地粘结在砂浆中，因而不易脱落。即使少数砖块掉落下来，也不会构成危险，具有安全性，同时也方便修补。

2. 锦砖的种类

（1）石材锦砖。石材锦砖是指采用天然花岗岩、大理石加工而成的锦砖，在1片石材锦砖中，往往会搭配多种不同色彩、质地的天然石片，使锦砖的铺装效果特别丰富（见图3-12和图3-13）。用于生产石材锦砖的原料各异，对原料的体量无特殊要求，一般利用天然石材的多余角料进行生产，节能环保。

1）石材锦砖的优点。石材锦砖上的组合体块较小，表面一般被加工成高光、亚光、粗磨等多种质地，多种色彩相互配合，装饰效果特别出众。石材锦砖的各项

图3-10 锦砖展示（1）

图3-11 锦砖展示（2）

图3-12 石材锦砖（1）

图3-13 石材锦砖（2）

性能与天然石材相当，具有强度高、耐磨损、不褪色等多种优势。为了进一步凸显石材锦砖的魅力，目前，还有很多产品在其中加入了部分陶瓷锦砖、玻璃锦砖，以提升石材锦砖的光亮度，丰富了石材锦砖的层次（见图3-14）。

2）天然石材锦砖的用途。天然石材锦砖的质地比较浑厚，即是打磨光滑仍不及陶瓷釉面与玻璃的质地出众。此外，非抛光石材锦砖的孔隙较大，容易受到污染。因此，石材锦砖一般用于客厅、餐厅等干空间的墙、地面铺装，或用于厨房、卫生间的局部铺装，一般仅用于点缀装饰，不适合大面积铺装。

3）石材的规格与价格。石材锦砖的规格多样，不同厂商开发的产品各异，一般单片锦砖的通用规格为边长300mm，其中小块石材规格不定，边长为10~50mm不等，小块石材的厚度为5~10mm，小块石材之间的间距或疏或密，一般小于3mm。价格为30~40元/片。

（2）陶瓷锦砖。陶瓷锦砖又称为陶瓷什锦砖、纸皮瓷砖、陶瓷马赛克。它是以优质瓷土为原料，按技术要求对瓷土颗粒进行级配，以半干法成形。为了制成各种颜色的陶瓷锦砖，在生产过程中，往泥料中加入着色剂，最终经过1250℃高温烧制而成（见图3-15和图3-16）。

1）陶瓷锦砖的优点。陶瓷锦砖可制

图3-14 石材锦砖样式

图3-15 陶瓷锦砖（1）

图3-16 陶瓷锦砖（2）

成多种色彩与斑点，按其表面质地可以分为有无釉与施釉两种陶瓷锦砖。陶瓷锦砖具有多种色彩，其间可以镶嵌各种不同形状的小块砖，镶拼成各种花色图案，小块砖可以烧制成方形、长方形、六角形等多种形态。陶瓷锦砖是一种良好的墙地面装饰材料，它不仅具有质地坚实、色泽美观、图案多样的优点，而且具有抗腐蚀、防滑、耐火、耐磨、耐冲击、耐污染、自重较轻、吸水率小、永不褪色、价格低廉等优质性能（见图3-17）。

2）陶瓷锦砖的用途。陶瓷锦砖由于砖块较小、抗压强度高、不易被踩碎，所以主要用于地面铺装。家居装修中可用于门厅、走道、卫生间、厨房、餐厅、阳台等各种空间的墙、地面及构造表面铺装（见图3-18和图3-19）。

3）陶瓷锦砖的规格与价格。陶瓷锦砖的规格多样，不同厂商开发的产品各异。一般单片锦砖的通用规格为边长300mm，其中小块陶瓷规格不定，边长为10～50mm不等，小块石材的厚度为4～6mm，小块陶瓷之间的间距比较均衡，一般为2mm左右。价格为10～25元/片。

（3）玻璃锦砖。玻璃锦砖又称为玻璃马赛克、玻璃纸皮砖，它是一种小规格彩色饰面玻璃，是具有多种颜色的小块玻璃镶嵌材料（见图3-20和图3-21）。

1）玻璃锦砖的优点。玻璃锦砖的外

图3-17 陶瓷锦砖样式

图3-18 陶瓷锦砖卫生间铺装（1）

图3-19 陶瓷锦砖卫生间铺装（2）

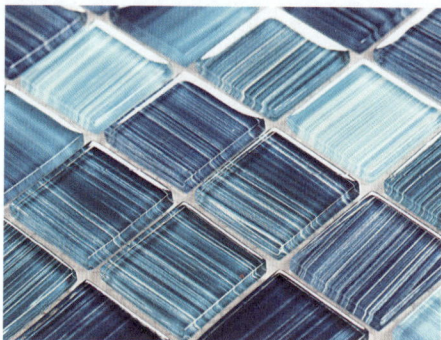

图3-20　玻璃锦砖

图3-21　玻璃锦砖展示

观有无色透明、着色透明、半透明等多种类型，最具特色的是带金属色斑点、花纹或条纹的产品，能增显装修空间的档次。玻璃锦砖正面光泽滑润细腻，背面带有较粗糙的槽纹，以便用于粘贴铺装。玻璃锦砖的特性是色泽绚丽多彩、典雅美观、质地坚硬、性能稳定，具有耐热、耐寒、耐候、耐酸碱等性能，价格较低，施工方便。玻璃锦砖产品主要包括水晶玻璃马赛克、金星玻璃马赛克、珍珠光玻璃马赛克、云彩玻璃马赛克、金属马赛克等系列（见图3-22）。

2）玻璃锦砖的用途。玻璃锦砖表面光洁晶莹，特别适合厨房、卫生间、门厅墙面局部铺装，与其他釉面砖、抛光砖形成质感对比，能营造出高档、华丽的家居氛围，尤其在比较昏暗的灯光下，更具有装饰特色（见图3-23和图3-24）。

3）玻璃锦砖的规格与价格。玻璃锦砖的规格多样，不同厂商开发的产品各异，一般单片锦砖的通用规格为边长300mm，其中小块玻璃规格不定，边长为10~50mm不等，小块玻璃的厚度为3~5mm，小块玻璃之间的间距比较均衡，一般为3mm左右。价格为25~40元/片。

3. 锦砖的鉴别

不同品种的锦砖质量有差异，但是选购方法基本相同。玻璃锦砖的质量关

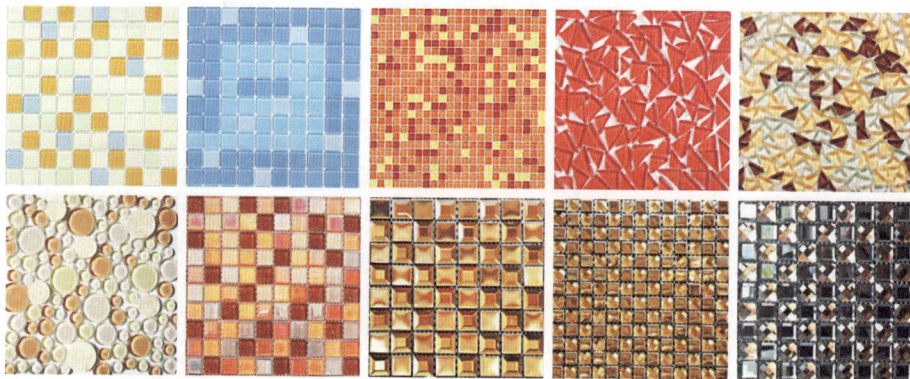

图3-22　玻璃锦砖样式

图3-23 玻璃锦砖餐厅铺装

图3-24 玻璃锦砖卫生间铺装

键在于砖体与背网粘接是否牢固，施工后是否能轻松剥离，这些都是保证施工质量的关键。

（1）观察外观。将2～3片锦砖平放在采光充足的地面上，目测距离为1m左右，优质产品应无任何斑点、粘疤、起泡、坏粉、麻面、波纹、缺釉、棕眼、落脏、熔洞等缺陷。但是天然石材锦砖允许存在一定的细微孔洞，瑕疵率应小于5%。

（2）用卷尺测量（见图3-25）。用卷尺仔细测量锦砖的边长，标准产品的边长为300mm，各边误差应小于2mm，特殊造型锦砖除外。

（3）检查粘贴的牢固度。锦砖上的各种小块材料都粘贴在玻璃纤维网或牛皮纸上，可以用双手分别捏在锦砖一边的两角上，使整片锦砖直立，然后自然放平，反复5次，以不掉砖为优质产品。或者将整片锦砖卷曲，然后伸平，反复5次，或反复叠折小砖块，以不掉砖为优质产品（见图3-26）。

（4）检查脱离质量。锦砖铺装后要将玻璃纤维网或牛皮纸顺利剥揭下来，才能保证铺装的完整性。如果条件允许，可以将锦砖放置在水中浸泡30分钟后，用手剥揭，优质锦砖中的小块材料能顺利脱离玻璃纤维网或牛皮纸。

图3-25 卷尺测量

图3-26 检查脱离质量

小安给你来总结

琉璃制品

琉璃制品是用难熔黏土成型后，经配料、干燥、素烧、施釉、釉烧而成的。琉璃制品表面形成釉层，既能提高表面强度，又能提高其防水性能，同时也增加了装饰效果。

在我国传统住宅装饰中，所用的各种琉璃制品种类繁多，名称复杂，有数百种之多。琉璃瓦是其中用量最多的一种，常用的有几十种，约占琉璃制品总产量的70%左右，瓦件的品种更是五花八门，难以准确分类。琉璃瓦类制品，按其形状可以分为板瓦、筒瓦、滴水、底瓦、勾头等品种。琉璃脊类制品有正脊筒瓦、垂脊筒瓦、岔脊筒瓦、围脊筒瓦等品种。琉璃装饰件制品有正吻、垂兽、合角兽、仙人、走兽等品种。

在现代家居装修中，琉璃制品主要用于具有中式古典风格的庭院装修，如庭院围墙、屋檐、花台等构件的外部铺装。除仿古建筑常用琉璃瓦、琉璃砖、琉璃兽等外，还常用一些琉璃花窗、琉璃花格、琉璃栏杆等各种装饰制件。另外，还有陈设于室内外的装饰工艺品，如琉璃桌凳、花盆、鱼缸、花瓶、绣墩等。琉璃制品形态各异，价格根据具体形态、规格来定，但是整体价格低廉（见图3-27和图3-28）。

图3-27 琉璃制品

图3-28 琉璃瓦屋檐

3.2 地面砖

由于地面砖在家装材料中选购所占比例比较大，所以我们在选购的时候一定要货比三家，选到物美价廉的产品。而且选购前一定要对所需地砖有精确的计算，避免浪费。最后在选购前也要对各种地面砖有基础认识或者有专业人士陪同选购，避免退换，提高效率。

地面砖指贴在建筑物地面的瓷砖。家装中，地面砖的铺设所占铺装面积是最大的。而且根据不同位置特性要求铺设的地面砖类型不同。相同位置也有多种不同特性的地面砖可供选择。业主可根据个人居住要求以及价位要求进行选购。

3.2.1 抛光砖

1. 抛光砖的优点

（1）抛光砖是通体砖坯体的表面经过打磨而成的一种光亮的通体砖。

（2）采用黏土与石材粉末经压制，然后经过烧制而成，正面与反面色泽一致，不上釉料。

（3）相对传统渗花通体砖而言，抛光砖的表面要光洁得多（见图3-29和图3-30）。抛光砖抗弯曲强度大，在生产过程中由数千吨液压机压制，再经1200℃以上高温烧结，强度高、砖体薄、质量轻，具有防滑功能。

（4）抛光砖坚硬耐磨，无放射元素，用于室内地面铺装，可以取代传统天然石材。

2. 抛光砖的缺点

（1）因为石材未经高温烧结，故含有个

图3-29 抛光砖

图3-30 抛光砖与踢脚线

别微量放射性元素，长期接触会对人体有害。

（2）抛光砖在生产过程中，基本可控制无色差，同批产品花色一致。但是抛光砖在生产时留下的凹凸气孔会藏污纳垢，造成了表面很容易渗入污染物，甚至将茶水倒在抛光砖上都会渗透至砖体中。优质抛光砖在出厂时都加了一层被称为"超洁亮"的防污层。

3. 抛光砖的鉴别与价格参考

抛光砖一般用于相对高档的家居空间，商品名称很多，如铂金石、银玉石、钻影石、丽晶石、彩虹石等，选购时不能被繁杂的商品名迷惑，仍要辨清产品属性（见图3-31～图3-33）。抛光砖与渗花砖的区别主要在于表面的平整度，抛光砖虽然也有亚光产品，但是大多数产品都为高光，比较光亮、平整，一般都有超洁亮防污层。渗花砖多为亚光或具有凸凹纹理的产品，表面只是平整而无明显反光，经过仔细观察，表面存在细微的气孔（见图3-34和图3-35）。抛光砖的规格通常为300mm×300mm×6mm、600mm×600mm×8mm、800mm×

图3-31　抛光砖样式

图3-32　抛光砖展示（1）

图3-33　抛光砖展示（2）

图3-34 抛光砖地面铺装（1）

图3-35 抛光砖地面铺装（2）

800mm×10mm等，中档产品的价格为60～100元/m²。抛光砖的选购方法与渗花砖一致。

3.2.2 玻化砖

1. 玻化砖的优点

（1）玻化砖又称为全瓷砖，是通体砖表面经过打磨而成的一种光亮瓷砖，属通体砖的一种。玻化砖采用优质高岭土强化高温烧制而成，质地为多晶材料，具有很高的强度与硬度，其表面光洁而又无须抛光，因此不存在抛光气孔的污染问题（见图3-36和图3-37）。

（2）不少玻化砖具有天然石材的质感，

而且具有高光度、高硬度、高耐磨、吸水率低、色差少等优点，其色彩、图案、光泽等都可以人为控制（见图3-38），产品结合了欧式与中式风格，色彩丰富，多姿多样，无论装饰于室内或是室外，均为现代风格，铺装在墙地面上能起到隔声、隔热的作用，而且它比大理石轻便。

2. 玻化砖的规格与价格

目前，玻化砖以中大尺寸产品为主，产品最大规格可以达到1200mm×1200mm，主要用于大面积客厅（见图3-39和图3-40）。产品有单一色彩效果、花岗岩外观效果、大理石外观效果、印花瓷砖效果等，以及采用施釉玻

图3-36 玻化砖展示（1）

图3-37 玻化砖展示（2）

图3-38 玻化砖样式

图3-39 玻化砖地面铺装（1）

图3-40 玻化砖地面铺装（2）

化砖装饰法、粗面或施釉等加工的多种新工艺产品。玻化砖尺寸规格一般较大，通常为600mm×600mm×8mm、800mm×800mm×10mm、1000mm×1000mm×10mm、1200mm×1200mm×12mm，中档产品的价格为80～150元/m²。

3. 玻化砖的保养

玻化砖在施工完毕后，要对砖面进行打蜡处理，3遍打蜡后进行抛光，以后每3个月或半年打蜡1次。否则酱油、墨水、菜汤、茶水等液态污渍会在渗入砖

面后留在砖体内，形成花砖。同时，砖面的光泽会渐渐失去，最终影响美观。此外，玻化砖表面太光滑，稍有水滴就会使人摔跤，部分产地的高岭土辐射较高，购买时最好选择知名品牌。

4. 玻化砖的鉴别方法

（1）听声音，一只手悬空提起瓷砖的边角；另一只手敲击瓷砖中间，如果发出清脆响亮的声音，可以认定为玻化砖；如果发出的声音浑浊、回声较小且短促，则说明瓷砖的胚体原料颗粒大小

不均，为普通抛光砖。

（2）试手感，相同规格、相同厚度的瓷砖，手感较重的为玻化砖，手感轻的为抛光砖。这一点可以将两者掂量比较（见图3-41）。

（3）观察背面，优质产品的质地应均匀细致（见图3-42），玻化砖吸水率小于0.5%，吸水率越低，玻化程度越好。因此，从表面上来看，玻化砖是完全不吸水的，即使洒水至砖体背面也不应该有任何水迹扩散的现象。

（4）选择品牌，市场上的知名品牌产品均能在网上搜索到，其色泽、质地应该与经销商的产品完全一致，这样能有效地识别真伪。

3.2.3 微粉砖

1. 微粉砖的种类

（1）微粉砖是在玻化砖的基础上发展起来的一种全新通体砖，也可以认为是一种更高档的玻化砖（见图3-43和图3-44）。微粉砖所使用的胚体原料颗粒研磨得非常细小，通过计算机随机布料制胚，经过高温高压煅烧，然后经过表面抛光而成，其表面与背面的色泽一致。

（2）目前市场上还出现了超微粉砖。它的基础材料与微粉砖一样，只是表面材料的颗粒单位体积更小，只相当

图3-41 掂量重量

图3-42 观察背面

图3-43 微粉砖

图3-44 微粉砖

于一般抛光砖原料颗粒的5%左右。超微粉砖的生产融入了先进的工艺与技术，大大改善了传统抛光砖花色图案单调、呆板、砖体表面光泽度差、耐磨性差、防污抗渗能力低等弊端。超微粉砖的花色图案自然逼真，石材效果强烈，采用超细的原料颗粒，产品光洁耐磨，不易渗污。超微粉砖的显著特点就是每一块砖材的花纹都不同，但整体非常的协调、自然（见图3-45）。这也是区分普通通体砖的重要标识，常见的渗花砖、抛光砖、玻化砖的表面纹理呈重复状，即任意两片砖上的纹理一模一样，而微粉砖、超微粉砖产品中加入了石英、金刚砂等矿物骨料，所呈现的纹理为随机状，看不出重复效果。虽然现在市面上也有仿超微粉砖，粗看类似超微粉砖，但是仔细观察就会发现每片的纹理都一样。

（3）现在在超微粉砖的基础上还开发出了聚晶微粉砖，聚晶微粉地砖是在烧制过程中融入了一些晶体熔块或颗粒，是属于超微粉砖的升级产品。这种产品除了具备超微粉砖的特点外，在产品的外观上产品的立体效果更加的突出，更加接近于天然石材。当然，这只是在产品的装饰效果上有所区别，其产品性能与超微粉砖没有太大差距。

总之，微粉砖及系列产品由于胚体的颗粒更小更细，其胚体颗粒的排列更紧密，密度也更大一些，其防污性能比渗花砖、抛光砖、玻化砖更加优越。

2. 微粉砖的规格与价格

在现代家居装修中，微粉砖正全面取代玻化砖，成为家居装修地面材料的首选，一般用于面积较大的门厅、走道、

图3-45 微粉砖样式

客厅、餐厅、厨房等一体化空间（见图3-46和图3-47）。微粉砖尺寸规格一般较大，通常为600mm×600mm×8mm、800mm×800mm×10mm、1000mm×1000mm×10mm、1200mm×1200mm×12mm，中档产品的价格为100~200元/m²。

3. 微粉砖的鉴别

选购微粉砖时要注意与其他通体砖产品区分。微粉砖的显著特征是表面纹理不重复，正反色彩一致，完全不吸水，泼洒各种液体至表面不会渗入（见图3-48）。可以采用尖锐的钥匙或金属器具在其表面磨划，不会产生任何划痕（见图3-49）。优质产品的色彩更加亮丽、明快，中低档产品稍显暗淡，背面均不会出现任何细微的吸入状态。由于这类产品普遍价格较高，可以上网对照厂商提供的各地经销商地址上门购买。

图3-46 微粉砖地面铺装（1）

图3-47 微粉砖地面铺装（2）

图3-48 表面洒水

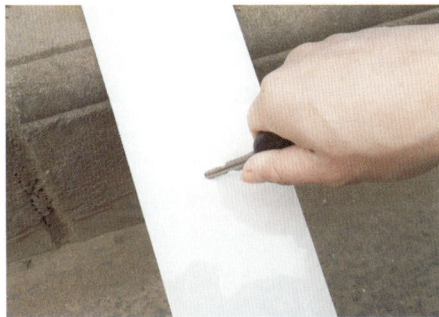
图3-49 钥匙磨划

抛光砖的保养方法

（1）抛光砖在施工与日常使用中要注意清洁保养，抛光砖在铺好后未使用前，为了避免其他项目施工时损伤砖面，应用编织袋等不易脱色的物品进行保护，把砖面遮盖好。

（2）日常清洁地面时，尽量采用干拖，少用湿拖。局部较脏或有污迹时，可用家用清洁剂，如洗洁精、洗衣粉等，或用除污剂进行清洗，并根据使用情况定期或不定期地涂上地砖蜡，待其干后再抹亮，可保持砖面光亮如新。如果经济条件较好，请采用晶面处理，可达到商业酒店的效果。

3.3　辅料配件

　　辅料配件是墙地砖铺装必不可少的材料。就算业主选购质量优质的墙地面砖，也需要各种辅料配件的辅助，才能保证家居装修的品质。所以切勿在选购辅料配件时掉以轻心。

　　墙地面的铺装所需的辅料配件包括阳角线、填缝剂、美缝剂等。这些辅料配件不仅具有功能性，更具有美观性。

3.3.1　阳角线

　　阳角线（见图3-50和图3-51）又叫阳角线收口条或阳角条，是一种用于瓷砖90°凸角包角处理的装饰线条，以底板为面，在一侧制成90°扇形弧面，材质主要为PVC、铝合金、不锈钢等。

1. 阳角线的优点

（1）安装方便，省工、省时、省料。用阳角线时瓷砖或石材不用磨角、倒角，会贴瓷砖和石材的师傅只需有三颗钉便可完成安装。

（2）装潢美观、亮丽。阳角线弧面平滑，线条笔直，能有效保证包边贴角平直，使装潢边角更具立体美感。

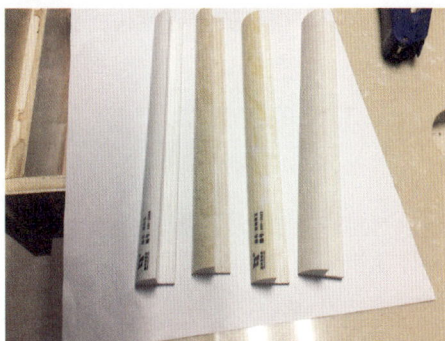

图3-50 阳角线（1）

图3-51 阳角线（2）

（3）色彩丰富，可以同色搭配，做到砖面、边线一致，也可以用不同颜色搭配，形成对比。

（4）能很好地保护瓷砖边角。

（5）产品环保性能好，所用各种原料对人体和环境无不良影响。

（6）安全，圆弧缓和直角，减少碰撞产生的危害。

2. 阳角线的种类

（1）PVC系列瓷砖阳角线（见图3-52）。PVC材料是塑料装饰材料的一种，是聚氯乙烯材料的简称。国内市场，PVC材质的瓷砖阳角线普及范围大，用量大，而且价格低廉，消费面广。

PVC缺陷是热稳定性、抗冲击性、抗腐蚀性、抗氧化性较差，无论是硬性还是软质PVC在使用过程中容易老化，产生脆性。若使用的是DEHA，它会干扰人体内分泌，引起妇女乳癌、新生儿先天缺陷、男性精虫数减少、精神疾病等。

（2）铝合金系列（见图3-53）。以铝为基础的合金总称。主要合金元素有铜、硅、镁、锌、锰，次要合金元素有镍、铁、钛、铬、锂等。铝合金密度低，但强度比较高，接近或超过优质钢；塑性好，可加工成各种型材；具有优良的导电性、导热性和抗蚀性；工业上广泛使

图3-52 PVC阳角线

图3-53 铝合金阳角线

用，使用量仅次于钢。

（3）不锈钢系列（见图3-54和图3-55）。指耐空气、蒸汽、水等弱腐蚀介质和酸、碱、盐等化学浸蚀性介质腐蚀的钢。不锈钢阳角线因价格高应用方面远远低于前两者，不锈钢阳角线按外观分为开口、封口两种，材质按客户需要定做。

3.3.2　填缝剂

TAG填缝剂是一种粉末状的物质，由多种高分子聚合物与彩色颜料制成，弥补了传统白水泥填缝剂容易发霉的缺陷，使石材、瓷砖的接缝部位光亮如瓷（见图3-56和图3-57）。

1. TAG填缝剂的优点

（1）TAG填缝剂凝固后在砖材缝隙上会形成光滑如瓷的洁净面，具有耐磨、防水、防油、不沾脏污等优势，能长期保持清洁，一擦就净，能保证宽度小于3mm的接缝不开裂、不凹陷。

（2）TAG填缝剂的硬度、粘结强度、使用寿命等方面都优于传统填缝剂，可彻底解决普遍存在的砖缝脏黑且难清洁的问题，能避免缝隙滋生霉菌危害人体健康。TAG填缝剂颜色丰富、自然细腻、具有光

图3-54　不锈钢阳角线（1）

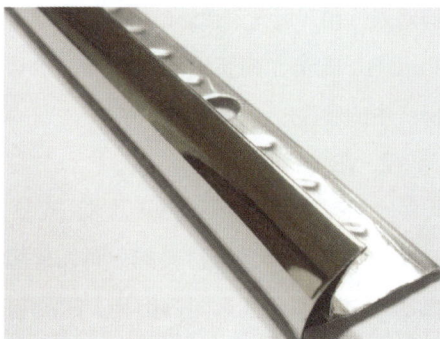

图3-55　不锈钢阳角线（2）

图3-56　填缝剂（1）

图3-57　填缝剂（2）

泽、不褪色、具有很强的装饰效果，各种颜色能与各种类型的石材、瓷砖相搭配。

2. TAG填缝剂规格与价格

TAG填缝剂主要用于石材、瓷砖铺装缝隙填补，是石材、瓷砖胶粘剂的配套材料。TAG填缝剂常用包装为每袋1～10kg不等，价格为5～10元/kg。

3.3.3 美缝剂

美缝剂是填缝剂的升级产品，美缝剂的装饰性、实用性明显优于彩色填缝剂（见图3-58和图3-59）。传统的美缝剂是涂在填缝剂的表面，新型美缝剂不需要填缝剂做底层，可以在瓷砖粘接后直接填加到瓷砖缝隙中。适合2mm以上的缝隙填充，施工比普通型方便，是填缝剂的升级换代产品。

美缝剂的优点如下：

（1）新材料。它是由高科技新型聚合物和高档颜料组成，是一种半流状液体，它不同于白水泥、彩色填缝剂（干粉类水泥材料加低档颜料），主要由无机材料组成，它是由高科技含量较高的新型聚合物材料加高档颜料及特种助剂精配而成。

（2）新视觉。它光泽度好，颜色丰富、自然、细腻，如金色、银色、珠光色等，而白色、黑色色度明显高于白水泥、彩色填缝剂，给墙面带来更好的整体效果，因此装饰性大大强于白水泥、彩色填缝剂。并且其凝固后，表面光滑如瓷，可以和瓷砖一起擦洗，具有抗渗透、防水的特性，可以做到真正的瓷砖缝隙"永不变黑"。

图3-58　美缝剂

图3-59　美缝剂施工效果

小安给你来总结

阳角线

（1）根据瓷砖厚度，阳角线分成两种规格，大阳角和小阳角，分别适应于10mm和8mm厚的瓷砖，长度多在2.5米左右。

（2）底板上有防滑齿或者孔状花纹，便于与墙壁和瓷砖充分结合，扇形弧面的边缘有限位斜边，用于限定瓷砖或石材的安装位置。

第4章 家具构造板材定位选

家具构造主要是木材，木材是装饰材料中使用最为频繁的，本章列举了目前国内市场上主要能购买到的所有装修木质材料，由于各种木质与板材的门类多，为了保证设计效果与装修品质。在选购时需要掌握大量经验，本章列举了主要的家具木材与板材材料，详细讲解了材料的选购知识，帮助装修业主进行正确的选购。

关键词：板材　加工　保养

4.1 家具板材

小安谈家装

由于各种家具板材的种类比较多，为了保证设计效果与家装质量，业主在选购时最好提前做好功课，了解清楚各种板材的特性与价格，才能在选购板材时胸有成竹。

木材是家具板材使用最为频繁的材料，工厂将各种质地的原木加工成不同规格的型材，便于运输、设计、加工、保养等各个环节。

4.1.1 木芯板

木芯板又称细木工板，俗称大芯板，是由两片单板中间胶压拼接木板而成。中间的木板是由优质天然木料经热处理（即烘干室烘干）以后，加工成一定规格的木条，由机械拼接而成。拼接后的木板两面各覆盖两层优质单板，再经冷、热压机胶压后制成。

1. 木芯板的优点

它具有质轻、易加工、握钉力好、不变形等优点，是家居装修与家具制作的理想材料。它取代了传统装饰装修中对原木的加工，使装饰装修的工作效率大幅度提高（见图4-1和图4-2）。

2. 木芯板的种类

木芯板的材种有许多，如杨木、桦木、松木、泡桐等，其中以杨木、桦木为最好，质地密实，木质不软不硬，握钉力强，不易变形，而泡桐的质地轻软，吸收水分大，握钉力差，不易烘干，制成的板材在使用过程中，当水分

图4-1 木芯板

图4-2 木芯板截面

蒸发后，板材易干裂变形。而硬木质地坚硬，不易压制，拼接结构不好，握钉力差，变形系数大。木芯板的加工工艺分为机拼与手拼两种。手工拼制是人工将木条镶入夹板中，木条受到的挤压力较小，拼接不均匀，缝隙大，握钉力差，不能锯切加工，只适合做部分装修的子项目，如用作实木地板的垫层毛板等。而机拼的板材受到的挤压力较大，缝隙极小，拼接平整，承重力均匀，长期使用，结构紧凑不易变形。

3. 木芯板的规格与价格

木芯板的常见规格为2440mm×1220mm，厚度有15mm与18mm两种。其中15mm厚的木芯板市场价格为120元/张左右，主要用于制作小型家具（电视柜、床头柜）及装饰构造，18mm厚的板材价格为120～180元/张不等，主要用于制作大型家具（衣柜、储藏柜）。

4. 木芯板的鉴别

（1）一般木芯板按品质分可以分为一、二、三等，直接做饰面板的，应该使用一等板，只用作底板的可以用三等板。一般应该挑选表面干燥、平整，节子、夹皮少的板材。

（2）木芯板一面必须是一整张木板，另一面只允许有一道拼缝。另外，木芯板的表面必须光洁。观测其周边有无补胶、补腻子的现象，胶水与腻子都是用来遮掩残缺部位或虫眼（见图4-3）。必要时，可以从侧面或锯开后的剖面检查芯板的薄木质量和密实度。这些现象会使板材整体承重力减弱，长期的受力不均匀会使板材结构发生扭曲、变形，影响外观及使用效果。

（3）在大批量购买时，应该检查产品是否配有检测报告及质量检验合格证等质量文件，知名品牌会在板材侧面标签上设置防伪检验电话，以供消费者拨打电话进行验证（见图4-4）。

4.1.2 生态板

生态板是将带有不同颜色或纹理的纸放入三聚氰胺树脂胶粘剂中浸泡，然后干燥到一定固化程度，将其铺装在木

图4-3 腻子遮盖

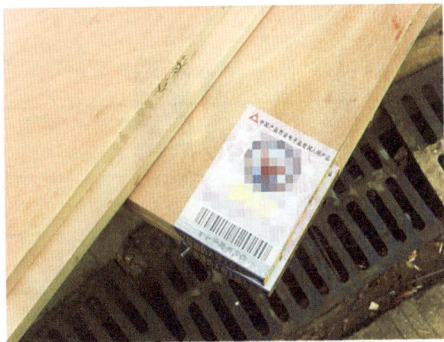

图4-4 产品标签

芯板、指接板、胶合板、刨花板、中密度纤维板等板面，经热压而制成具有一定防火性能的装饰板（见图4-5和图4-6）。

1. 生态板的优点

生态板一般是由数层纸张组合而成，数量多少根据用途而定。生态板一般由表层纸、装饰纸、覆盖纸与基层板等组成。生态板能使家具外表坚强，制作的家具不必上漆，表面自然形成保护膜，耐磨、耐划痕、耐酸碱、耐烫、耐污染，表面平滑光洁，容易维护清洗。在家居装修中，生态板一般用于橱柜或成品家具制作，可以在很大程度上取代传统木芯板、指接板等木质构造材料（见图4-7和图4-8）。

2. 生态板的缺点

由于生态板表面覆有装饰层，在施工中不能采用气排钉、木钉等传统工具、材料固定，只能采用卡口件、螺钉做连接，施工完毕后还需在板面四周贴上塑料或金属边条，防止板芯中的甲醛向外扩散。

3. 生态板的规格与价格

生态板的规格为2440mm×1220mm，厚度为15～18mm，其中15mm厚的板材价格为80～120元/张，特殊花色品种的板材价格较高。

图4-5 生态板（1）

图4-6 生态板（2）

图4-7 生态板家具（1）

图4-8 生态板家具（2）

4．生态板的鉴别

（1）选购生态板时，除了挑选色彩与纹理外，主要观察板面有无污斑、划痕、压痕、孔隙、气泡，尤其是颜色光泽是否均匀，有无鼓泡现象，有无局部纸张撕裂或缺损现象。

（2）虽然三聚氰胺本身毒性很小，比较稳定，固化后不会散发甲醛，但是制作家具的生态板对空气是否有污染主要取决于生态板所使用的基层板材。如果基材板的甲醛释放量达到环保标准，三聚氰胺是不会加剧材料污染的。如果在选购时能够闻到生态板仍有刺鼻的气味，则可以断定基层板材的质量不佳，要谨慎选购。

4.1.3　胶合板

胶合板又称夹板，是将椴木、桦木、榉木、水曲柳、楠木、杨木等原木经蒸煮软化后，沿年轮旋切或刨切成大张单板，这些多层单板通过干燥后纵横交错排列，使相邻两个单板的纤维相互垂直，再经过加热胶压而成的人造板材。

1．胶合板的用途

胶合板主要用于家居装修中木质制品的背板、底板，由于厚薄尺度多样，质地柔韧、易弯曲，也可以配合木芯板用于结构细腻处，弥补了木芯厚度均一的缺陷，或用于制作隔墙、弧形吊顶（见图4-9和图4-10）、装饰门面板、墙裙等构造。

2．胶合板的规格与价格

胶合板常见的规格为2440mm×1220mm，厚度根据层数增加，一般为3～22mm多种。它主要用于木质家具、构造的辅助拼接部位，也可以用于弧形饰面，市场销售价格根据厚度不同而不等。常见9mm厚的胶合板价格为50～80元/张。

3．胶合板的鉴别

（1）观察胶合板的正反两面，胶合板有正反两面的区别，一般选购木纹清晰、正面光洁平滑的板材，要求平整无扎手感（见图4-11），板面不应该存在破损、碰伤、硬伤、疤节、脱胶等疵点。

（2）如果有条件应该将板材剖切，仔细观察剖切截面，单板之间均匀叠加，不应该有交错或裂缝，不应该有腐朽、变质

图4-9　胶合板

图4-10　胶合板弯曲吊顶

等现象（见图4-12），注意部分胶合板是将两张不同纹路的单板贴在一起制成的，所以在选择上要注意，夹板拼缝处应严密，要求没有高低不平等现象。

（3）可敲击胶合板的各部位，若声音发脆则证明质量良好，若声音发闷则表示板材已出现散胶的现象。

4.1.4 纤维板

纤维板是人造木质板材的总称，又被称为密度板，是指采用森林采伐后的剩余木材、竹材和农作物秸秆等为原料，经打碎、纤维分离、干燥后施加胶粘剂，再经过热压后制成的人造木质板材（见图4-13）。

1. 纤维板的用途

纤维板适用于家具制作，现今市场上所销售的纤维板都会经过二次加工与表面处理，外表面一般覆有彩色喷塑装饰层，色彩丰富多样，可选择性强。中、硬质纤维板甚至可以替代常规木芯板，制作衣柜、储物柜时可以直接用作隔板或抽屉壁板，使用螺钉连接，无须贴装饰面材，简单方便（见图4-14）。胶合板、纤维板表面经过压印、贴塑等处理方式，被加工成各种装饰效果，如刨花板、波纹板、吸声板等，被广泛应用于装修中的家具贴面、门窗饰面、墙顶面装饰等领域。

2. 纤维板的规格与价格

纤维板的规格为2440mm×1220mm，

图4-11　平抚板面

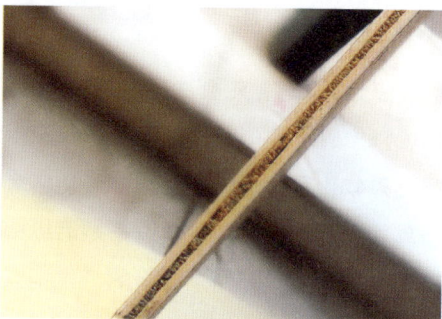

图4-12　胶合板截面质量

图4-13　纤维板

图4-14　纤维板家具

厚度为3~25mm不等，常见的15mm厚的中等密度覆塑纤维板价格为80~120元/张。

3. 纤维板的鉴别

（1）优质板材应该特别平整，厚度、密度应该均匀，边角没有破损，没有分层、鼓包、碳化等现象，无松软部分（见图4-15）。

（2）如果条件允许，可锯下一小块中等密度纤维板放在20℃的水中浸泡24h，观察其厚度变化，同时观察板面有没有小鼓包出现。若厚度变化大，板面有小鼓包，说明板面防水性差。

（3）可以贴近板材用鼻子嗅闻，气味越大说明甲醛的释放量越高，造成的污染也就越大（见图4-16）。

4.1.5 刨花板

刨花板又称微粒板、蔗渣板（见图4-17），也有进口高档产品被称为定向刨花板或欧松板（见图4-18）。它是由木材或其他木质纤维素材料制成的碎料，施加胶粘剂后在热力和压力作用下胶合而成的人造板。

1. 刨花板的用途

（1）在现代家居装修中，纤维板与刨花板均可取代传统木芯板制作衣柜，尤其是带有饰面的板材，无须在表面再涂饰油漆、粘贴壁纸或家饰宝，施工快捷、效率高，外观平整。但是这两种板材对施工工艺的要求很高，要使用高精度切割机加工，还需要使用优质的连接

图4-15 平整纤维板

图4-16 鼻子嗅闻

图4-17 刨花板

图4-18 定向刨花板

件固定，并做无缝封边处理，如果装饰公司或施工队没有这样的技术功底，最好不要选用这两种材料。

（2）刨花板根据表面状况分为未饰面刨花板与饰面刨花板两种，现在用于制作衣柜的刨花板都有饰面。刨花板在裁板时容易造成参差不齐的现象，由于部分工艺对加工设备要求较高，不宜现场制作，故而多在工厂车间加工后运输到施工现场组装。

2. 刨花板的规格与价格

刨花板的规格为2440mm×1220mm，厚度为3～75mm不等，常见19mm厚的覆塑刨花板价格为80～120元/张。

3. 刨花板的鉴别

选购刨花板的质量时最重要的在于边角，板芯与饰面层的接触应该特别紧密、均匀，不能有任何缺口。用手抚摸未饰面刨花板的表面，应该感觉比较平整，无木纤维毛刺。

小安给你来总结

常见的木质板材选购误区

（1）"切边整齐光滑的板材一定很好"，这种说法不对，切边是机器锯开时产生的，优质板材一般并不需要"再加工"，往往没什么毛刺。可是质量有问题的板材因其内部是空芯、黑芯，所以厂家会在切边处贴上一层美观的木料并打磨整齐，因此，不能以此为标准衡量孰好孰坏。

（2）"3A级是最好的"，国家标准中根本没有"3A级"，不过是商家或企业自己标上去的个人行为，质量不受法律约束。目前市场上已经不允许出现这种字样，根据国家规定，检测合格的木材会标有"优等品"、"一等品"及"合格品"字样。

（3）"板材越重越好"，购买板材一看烘干度，二看拼接。干燥度好的板材相对很轻，而且不会出现裂纹，很平整。最保险的方法就是到可靠的建材市场，购买一些知名品牌的板材。为了防止误买有些市场上的假冒产品，购买时一定要看其是否具有国家权威部门出具的检测报告，一旦出了问题，也有据可查。

由于木芯板含胶量较大，板面更平整，适用于制作衣柜门板。当然，甲醛含量也大，高档E0级环保产品的价格就特别高，大多都超过了150元/张。而指接板含胶较少，价格也低些，所以现在的大衣柜、储藏柜多用指接板制作柜体。为了防止变形，仍然使用木芯板制作平开柜门和其他细部构造。

4.2 构造板材

小安谈家装

　　房屋构造是比较专业的问题，在家居装修时最好听取设计师的建议，业主个人也可以在专业范围内提出自己的建议，在板材的选购中也要结合住宅实际情况选择材料。

　　构造板材主要用于吊顶、隔墙等房屋构造制作。房屋构造一般由设计师绘出专业图纸，确保完成家居装修后住宅能达到专业合理、美观舒适的效果。本章节介绍构造板材中的石膏板与水泥板。

4.2.1 石膏板

　　石膏板是以半水石膏与护面纸为主要原料，以特制的板纸为护面，经加工制成的板材。在家居装修中，石膏板主要用于吊顶、隔墙等构造制作，多配合木龙骨与轻钢龙骨为骨架，采用直攻螺钉安装固定（见图4-19和图4-20）。

1. 石膏板的优点

　　（1）用石膏板做隔墙，重量仅为同等厚度砖墙的15%左右，有利于结构抗震，并可以有效减少基础及结构主体造价。石膏板板芯60%左右是微小气孔，因空气的导热系数很小，因此具有良好的轻质保温性能。

　　（2）由于石膏芯本身不燃，且遇火时在释放化合水的过程中会吸收大量的热，延迟周围环境温度的升高，因此，石膏板具有良好的防火阻燃性能。

　　（3）石膏板采用单一轻质材料，具

图4-19　石膏板隔墙

图4-20　石膏板吊顶

有独特的空腔结构，具有很好的隔声性能，表面平整（见图4-21和图4-22），板与板之间通过接缝处理形成无缝表面，表面可以直接进行装饰。

（4）石膏板具有可钉、可刨、可锯、可粘的性能，用于室内装饰，可取得理想的装饰效果，仅需裁制刀便可随意对石膏板进行裁切，施工非常方便，能够提高施工效率。由于石膏板的孔隙率较大，并且孔结构分布适当，所以具有较高的透气性能。

（5）当室内湿度较高时，可吸湿，而当空气干燥时，又可释放出一部分水分，因而对室内湿度起到一定的调节作用，使居住条件更为舒适。采用石膏板作墙体，墙体厚度最小可达60mm，且可以保证墙体的隔声、防火性能。

2. 石膏板的规格与价格

普通的石膏板又可分为防火与防水两种，市场上所售卖的型材兼得两种功能。普通石膏板的规格为2440mm×1220mm，厚度有9.5mm与12.5mm，其中9.5mm厚的产品价格为20元/张。

3. 石膏板的鉴别

识别石膏板可以在0.5m远处光照明亮的条件下。

（1）观察并抚摸表面。表面平整光滑，不能有气孔、污痕、裂纹、缺角、色彩不均和图案不完整现象，石膏板上下两层护面纸应该特别结实（见图4-23）。

（2）观察侧面。石膏的质地是否密实，有没有空鼓现象，越密实的石膏板越耐用。

（3）可以用手敲击。发出很实的声音说明石膏板严实耐用，如发出很空的声音则说明板内有空鼓现象，且质地不好，还可以用手掂量也可以衡量石膏板的优劣。

（4）可以随机找几张板材，在端头露出石膏芯与护面纸的地方用手揭护面纸，如果揭的地方护面纸出现层间撕开，则表明板材的护面纸与石膏芯粘结良好。如果护面纸与石膏芯层间出现撕裂，则表明板材粘结不良（图4-24）。

图4-21　纸面石膏板剖面

图4-22　纸面石膏板

图4-23 抚摸石膏板表面

图4-24 揭开石膏板纸面

4.2.2 水泥板

水泥板是以水泥为主要原材料加工生产的一种建筑平板，是一种介于石膏板与石材之间，可以自由切割、钻孔、雕刻的建筑产品。其特性优于石膏板、木板、石材，具有一定的防火、防水、防腐、防虫、隔声等性能，但是价格远低于石材，是目前比较流行的家居装修材料。

1. 水泥板的种类

（1）普通水泥板是普遍使用的产品。主要成分是水泥、粉煤灰、沙子，价格越便宜水泥用量越低，有些厂家为了降低成本甚至不用水泥，造成板材的硬度降低（见图4-25）。

（2）纤维水泥板。又称纤维增强水泥板。与普通水泥板的主要区别是添加了各种纤维作为增强材料，使水泥板的强度、柔性、抗折性、抗冲击性等大幅提高。添加的纤维主要有矿物纤维、植物纤维、合成纤维、人造纤维等（见图4-26～图4-28）。

（3）纤维水泥压力板在生产过程中由专用压机压制而成。具有更高的密度，防水、防火、隔声性能更高，承载、抗折、抗冲击性更强，其性能的高低除了原材料、配方、工艺以外，主要

图4-25 普通水泥板

图4-26 纤维水泥板

图4-27 纤维水泥板应用（1）

图4-28 纤维水泥板应用（2）

取决于压机的压力大小。

2. 水泥板的优点

（1）在现代家居装修中运用较多的是纤维水泥板，其中加入细碎木屑与木条，又被称为木丝纤维水泥板。它主要由水泥作为胶粘剂，细碎木屑与木条作为纤维增强材料，加入部分添加剂压制而成，颜色青灰，与水泥墙面一致，双面平整光滑，属于环保型绿色板材（见图4-29和图4-30）。

（2）木丝纤维水泥板中含有70%水泥、20%矿化木质纤维、9%水分与1%的胶粘剂，它结合了木材的强度、易加工性与水泥经久耐用的特性，实用性广、性能优异，具有耐腐、耐热、防火、防虫、易加工，与水泥、石灰、石膏配合性好，绿色环保等多种优点。

3. 水泥板的规格与价格

在现代家居装修中，木丝纤维水泥板的使用可以营造出独特的现代风格，一般铺贴在墙面、地面、家具、构造表面，同时可以用在卫生间等潮湿环境中。木丝纤维水泥板的规格为2440mm×1220mm，厚度为6～30mm，特殊规格可以预制加工，厚10mm的产品价格为100～200元/张。

4. 水泥板的鉴别

（1）关注板材的密度，板材的质量与密度密切相连，可以根据板材的重量来判断，优质水泥压力板的密度为1800kg/m^3，具体数据可以对照产品标签，较次的产品密度要低一些，为1500～1800kg/m^3，硅酸钙板的密度为1200kg/m^{3}左右。

图4-29 木丝纤维水泥板

图4-30 木丝纤维水泥板应用

（2）观察板材的质地，应该平整坚实，可以采用0号砂纸打磨板材表面（见图4-31和图4-32），优质产品不应该产生太多粉末，伪劣产品或硅酸钙板的粉末较多。

（3）可以询问商家有无特殊规格，一般厂家只生产厚6～12mm的板材，但不能生产超薄板与超厚板产品，则说明生产条件有限，或很难生产出优质产品。

（4）可以多比较不同商家的产品，认清产品的品牌与生产厂家，可以上网查看其知名度与产品质量体系认证等情况。

图4-31　水泥板表面质地

图4-32　水泥板样本打磨

小安给你来总结

水泥板不防潮

目前各式各样的水泥板层出不穷，应用广泛，虽然增加了防水剂，具有一定的防水效果，但是由于水泥空隙较大，其防潮效果并不佳，不适合用于卫生间、厨房的隔墙铺装。

4.3 辅料配件

　　家具的辅料配件品种多样，范围广泛。如果由业主个人选购，应该提前做好准备工作，避免漏买或者错买。虽然配件单价不高，但是大量购买也开销不小。所以业主一定要事先了解各种辅料特性和价格。

　　在现代装修中，各种配件的发展越来越快，品种越来越多。而且装修的全程都要用到各种配件，例如本章中介绍的龙骨以及各式各样的钉子。所以对配件的要求也不能降低。

4.3.1 轻钢龙骨

　　轻钢龙骨是采用冷轧钢板、镀锌钢板或彩色涂层钢板，由特制轧机以多道工序轧制而成。

1. 轻钢龙骨的种类

　　轻钢龙骨按材质分，有镀锌钢板龙骨与冷轧卷带龙骨；按龙骨断面分，有U形龙骨（见图4-33和图4-34）、C型龙骨（见图4-35）、T形龙骨及L形龙骨，U形与C形轻钢龙骨用于吊顶、隔断龙骨，T形轻钢龙骨只作为吊顶（见图4-36），其中大多为U形龙骨与C形龙骨。

　　（1）U形龙骨。轻钢龙骨的承载能力较强，且自身重量很轻，以吊顶龙骨为骨架，与9mm厚的纸面石膏板组成的吊顶质量约为8kg/m²左右，比较适合面积较大的客厅吊顶装修。U形轻钢龙骨通常由主龙骨、中龙骨、横撑龙骨、吊挂件、接插件与挂插件等组成。

图4-33　U形龙骨（1）

图4-34　U形龙骨（2）

图4-35　C形龙骨

图4-36　轻钢龙骨吊顶

根据主龙骨的断面尺寸大小，即根据龙骨的负载能力及其适应的吊点距离的不同进行种类。通常将吊顶U形轻钢龙骨分为38、50、60等3种不同的系列。隔墙U形轻钢龙骨主要分为50、70、100等3种系列。龙骨的承重能力与龙骨的壁厚、大小及吊杆粗细有关。

（2）C形龙骨。C形龙骨主要配合U形龙骨，作为覆面龙骨使用，C形龙骨又称次龙骨，龙骨的凸出端头没有U形龙骨的转角收口，因此承载的强度较低，但是价格较便宜，且用量较大，具体规格与U形龙骨配套。

（3）T形龙骨。T形龙骨又称三角龙骨，只作为吊顶专用，T形吊顶龙骨分为轻钢型与铝合金型两种，过去绝大多数是用铝合金材料制作的，近几年又出现烤漆龙骨与不锈钢龙骨等。T形龙骨的造型根据吊顶板材来定制，主要有扣接龙骨（见图4-37）与插接龙骨（见图4-38）两种，适用于不同吊顶板材。T形龙骨的特点是体轻，龙骨（包括零配件）自身质量为1.5kg/m²左右。

2. 轻钢龙骨的优点

（1）具有强度高、耐火性好、安装简易、实用性强等优点。轻钢龙骨可以安装各种面板，配以不同材质、不同花色的罩面板，如石膏板、吊顶扣板等，一般用于主体隔墙与大型吊顶的龙骨支架。既能改善室内的使用条件，又能体

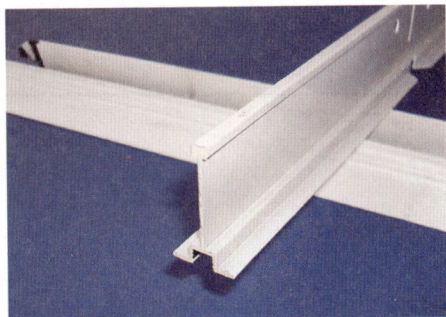

图4-37　T形龙骨

图4-38　T形插接龙骨

现不同的装饰风格。

（2）轻钢龙骨主要用于家居室内隔墙、吊顶。可按设计需要灵活选用饰面材料，装配化的施工能够改善施工条件，降低劳动强度，加快施工进度，并且具有良好的防锈、防火性能，经试验均达到设计标准。

3. 轻钢龙骨的规格与价格

隔墙龙骨配件按其主件规格分为Q50mm、Q75mm、Q100mm，吊顶龙骨按承载龙骨的规格分为D38mm、D45mm、D50mm、D60mm。家居装修用的轻钢龙骨的长度主要有3m与6m两种，特殊尺寸可以定制生产。价格根据具体型号来定，一般为5～10元/m。

4. 轻钢龙骨的鉴别

选购轻钢龙骨时，应该注意外观质量，龙骨外形要平整，棱角清晰，切口不允许有影响使用的毛刺与变形，镀锌层不许有起皮、起瘤、脱落等缺陷。优等品不允许有腐蚀、损伤、黑斑、麻点等缺陷，一等品与合格品应该没有严重的腐蚀、损伤、麻点，面积小于1cm²的黑斑每米长度内应小于5处。龙骨双

面镀锌量应大于80g/m²。

4.3.2 木龙骨

木龙骨是家庭装修中最为常用的骨架材料，主要由松木、椴木、杉木、进口烘干刨光木材加工而成的截面为长方形或正方形的木条（见图4-39和图4-40）。木龙骨是装修中常用的一种材料，有多种型号，用于撑起外面的装饰板，起支架作用。木龙骨目前仍然是家庭装修中最常用的骨架材料，根据使用部位来划分。木龙骨分为：吊顶龙骨、竖墙龙骨、铺地龙骨以及悬挂龙骨等。

木龙骨的鉴别方法如下：

（1）选购木龙骨时会发现商家一般是成捆销售，这时一定要把捆打开一根根挑选。

（2）把木龙骨放到平面上，挑选无弯曲的、平直的（见图4-41）。

（3）新鲜的木龙骨略带红色，纹理清晰，如果其色彩呈现暗黄色、无光泽，说明是朽木。

（4）看所选木方横切面的规格是否

图4-39 木龙骨

图4-40 木龙骨制作吊顶

符合要求，头尾是否光滑均匀，不能大小不一。

（5）要选择密度大、较沉的木龙骨，可以用手指甲抠抠看，好的木龙骨不会有明显的痕迹。

（6）选择干燥的。湿度大的木龙骨以后非常容易变形开裂。

（7）要选木疤节较少、较小的木龙骨（见图4-42）。如果木疤节大且多，螺钉、钉子在木疤节处会拧不进去或者钉断木方，容易导致结构不牢固。

（8）商家经常说是8厘米见方的龙骨其实只有6厘米见方，所以应测量木龙骨的厚度，看是否达到你需求的尺寸。

4.3.3　隔声棉

隔声棉是一种常见的建筑隔声材料，具有良好的吸声特性。可以做成墙板、天花板等（见图4-43和图4-44）。能够大量吸收房间声音，减少噪声。与人体皮肤直接接触，不会产生任何有害作用，是一种无毒、无害、无污染的新型吸声材料。

1. 隔声棉的种类

（1）玻璃纤维隔声棉（见图4-45）。玻璃纤维隔声棉分为棉卷和棉板。棉卷的质量比较小，价格一般在几块钱到十块钱之间。棉板可以定做，每平方米价格一般为15～20元/m²。

图4-41　无弯曲木龙骨

图4-42　木疤节较小木龙骨

图4-43　隔声棉（1）

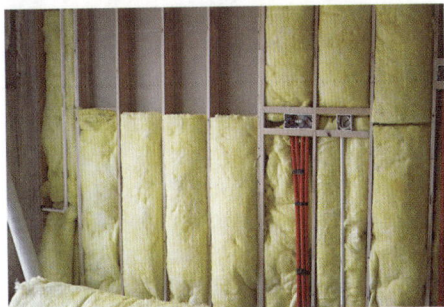

图4-44　隔声棉（2）

（2）聚酸纤维隔声棉（见图4-46）。聚酸纤维隔声棉的价格比玻璃纤维隔声棉要贵一些。主要因为聚酸纤维是新型的环保材料，质地柔软。

2. 隔声棉鉴别

（1）选择有大量内外连通的小孔且质地分布均匀的材料。纵横能力强，触感柔软，表面平整。

（2）选购时选择不燃或阻燃防火等级较高的隔声棉，要求达到消防标准。

4.3.4 泡沫填充剂

泡沫填充剂又称发泡剂、发泡胶、PU填缝剂，是采用气雾技术与聚氨酯泡沫技术交叉的产品。它是一种将聚氨酯预聚物、发泡剂、催化剂等物料装填于耐压气雾罐中的特殊材料（见图4-47和图4-48）。当物料从气雾罐中喷出时，沫状的聚氨酯物料会迅速膨胀并与空气或基体中的水分接触发生固化反应，从而形成泡沫。

1. 泡沫填充剂的优点

（1）泡沫填充剂固化后的泡沫具有填缝、粘结、密封、隔热、吸声等多种效果。是一种环保节能、使用方便的装修填充材料。

（2）泡沫填充剂适用于密封堵漏、填空补缝、固定粘结、保温隔声，尤其

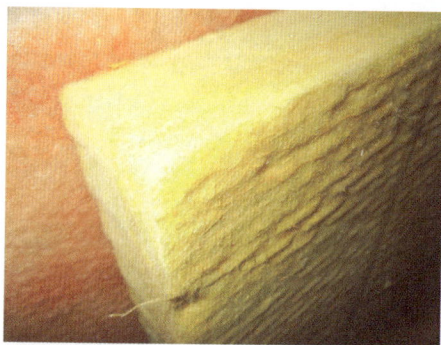

图4-45 玻璃纤维隔声棉

图4-46 聚酸纤维隔声棉

图4-47 泡沫填充剂（1）

图4-48 泡沫填充剂（2）

适用于成品门窗与墙体之间的密封堵漏及防水。它具有施工方便快捷、现场损耗小、使用安全、性能稳定、阻燃性好等优势，可粘附在混凝土、涂层、墙体、木材及塑料表面。

2．泡沫填充剂的规格与价格

泡沫填充剂常用包装为每罐500ml、750ml，其中750ml包装的产品价格为15~25元/罐。

4.3.5　白乳胶

白乳胶是用途最广、用量最大、历史最悠久的水溶性胶粘剂之一，具有成膜性好、粘结强度高、固化速度快、耐稀酸稀碱性好、使用方便、价格便宜、

图4-49　白乳胶（1）

图4-50　白乳胶（2）

不含有机溶剂等特点（见图4-49和图4-50）。

1．白乳胶的优点

（1）对多孔材料如木材、纸张、棉布、皮革、陶瓷等有很强的粘结力，且初始粘度较高。

（2）能够室温固化，且固化速度快。

（3）胶膜透明，不污染被粘物，并且便于加工。

（4）以水为分散介质，不燃烧，不含有毒气体，不污染环境，安全无公害。

（5）为单组分的黏稠液体，使用起来比较方便。

（6）固化后的胶膜有一定的韧性，耐稀碱、稀酸，且耐油性也很好。

2．白乳胶的鉴别

（1）判断环保型白乳胶粘合强度是否合格，可将两块被粘材料沿粘合面撕开，若发现撕开后被粘材料遭到破坏，则证明黏合强度足够；若只是粘合面分开，则表明环保型白乳胶黏合强度不足（见图4-51）。

（2）有时性能较差的环保型白乳胶

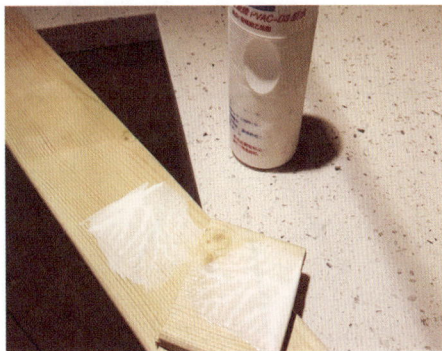

图4-51　白乳胶

在高温或低温环境存放一段时间后会出现脱胶、胶膜发脆等现象。因此有必要做高温热变及低温脆变实验来判定其质量是否可靠。

4.3.6 钉子

钉子本属于五金配件，但在现代装修中，钉子的品种越来越多，已经超越了传统木工的使用范围，其涉及装修的全过程，尤其是在基础工程与水电工程中显得尤为重要。

1. 圆钉

圆钉又称铁钉、木工钉，是最传统的钉子，以铁为主要原料，是一端呈扁平状，另一端呈尖锐状的细棍形物件（见图4-52）。圆钉生产一般以热轧低碳盘条冷拔成的钢丝为原料，经制钉机加工而成，主要起固定或连接木质装饰构造的作用，也可以用来悬挂物品。

（1）圆钉的用途。圆钉是装修中不可缺少的辅材，主要用于基础工程中的木质脚手架、木梯、设备临时安装与固定。待后期木质家具的制作则更需要圆钉做强化加固，用于木、竹制品或零部件之间的接合，木质工程中的圆钉应用称为钉接合。目前，用在装修中的圆钉都是平头锥尖型，以长度进行划分，可以多达几十种。圆钢钉可以被加工成

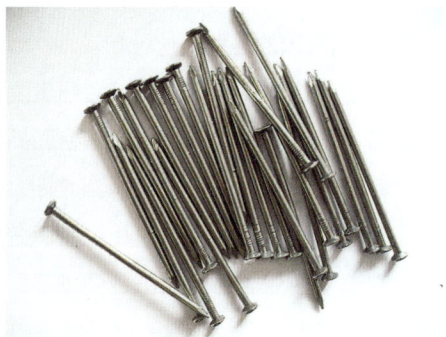
图4-52 普通圆钉

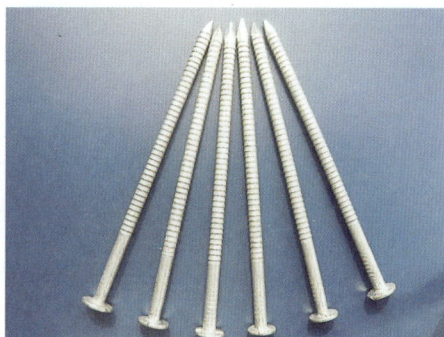
图4-53 环纹圆钉

图4-54 镀锌圆钉

图4-55 镀铜圆钉

各种形态，如光身、螺旋、环纹（见图4-53）、刺身等样式，表面镀层有镀锌（见图4-54）、镀铜（见图4-55）等多种，用于不同的施工部位。

（2）圆钉的规格与价格。圆钉形态多样，根据实际需要选择。圆钉的规格一般用长度与钉杆直径进行表示，主要长度为10～200mm，规格型号为10～200号，$\phi 0.9 \sim \phi 6.5$mm。以钉长制定规格型号，如50号圆钉，其钉长为50mm。此外，以钉杆直径的大小分，有重型、标准型与轻型，如40号圆钉，重型钉杆为2.5mm，标准型钉杆为2.2mm，轻型钉杆为2mm。我国传统的规格单位为寸，如2寸的圆钉钉长50mm，2寸半的圆钉钉长60mm，4寸的圆钉钉长100mm。

市场上销售的圆钉有散装与包装两种形式，散装圆钉容易生锈，不便于保存，但是价格较低，适用于即买即用。包装产品一般以盒为单位销售，无论圆钉大小，都以盒为单位，每盒圆钉净重约0.45kg，价格为3～5元/盒。此外，为了防止传统铁质圆钉生锈，现在也可

以选用不锈钢圆钉，价格则贵1倍。

（3）圆钉的鉴别。

1）观察包装的防锈措施是否到位，优质产品的包装纸盒内侧应该覆有一层塑料薄膜，或在内部采用塑料袋套装。

2）打开包装，圆钉表面应该略有油脂用于防锈，圆钉的色泽应该光亮晶莹，捏在手中不能有红色或褐色油迹。

3）观察多枚圆钉的钉尖形态是否一致，用手指触摸是否具有较强的扎刺感。

4）可以用铁锤敲击，检查圆钉是否容易变形或弯曲。

2. 水泥钉

水泥钉又称钢钉，是采用碳素钢生产的钉子（见图4-56）。水泥钉的质地比较硬，粗而短，穿凿能力很强，当遇到普通圆钉难以钉入的界面时，选用水泥钉可以轻松钉入。此外，水泥钉还被套上塑料卡件，用于固定各种线管（见图4-57）。

（1）水泥钉的用途。水泥钉一般用于砖砌隔墙、硬质木料、石膏板等界面的安装，但是对于混凝土的穿透力不太大。

（2）水泥钉的规格与价格。常规水

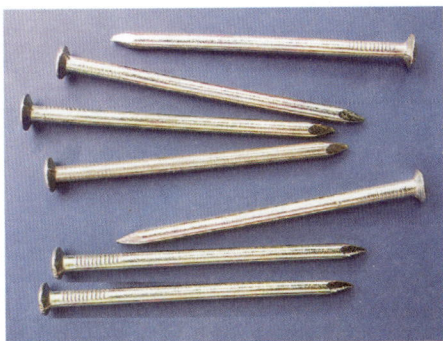

图4-56　水泥钉

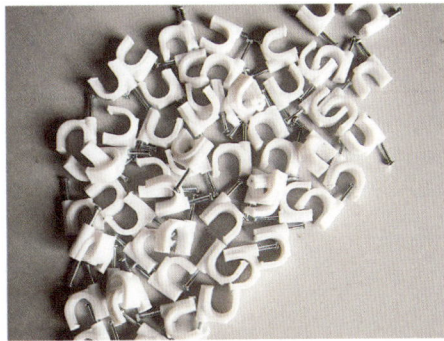

图4-57　水泥钉管线卡

泥钉φ1.8～φ4.6mm，长度为20～125mm不等，价格要比圆钉高1.5～2倍。

（3）水泥钉的鉴别。水泥钉的选购方法与圆钉类似，但是尖头一般不太锐利，且锥角没有圆钉锐利，鉴别质量的最好方法就是将其钉入实心砖墙或混凝土墙体中，优质产品钉入实心砖墙比较轻松，钉入混凝土墙体稍有费力，而劣质产品钉入混凝土墙体会感到阻力较大，甚至发生弯曲。

3. 射钉

射钉又称专用水泥钢钉（见图4-58），采用高强度钢材制作，比圆钉、水泥钉更为坚硬，可以钉入实心砖墙或混凝土结构中。射钉一般采用火药射钉枪发射，射程远，威力大（见图4-59）。

（1）射钉的用途。在家居装修中，射钉主要用于固定承重力较大的装饰结构，如吊柜、吊顶、壁橱等中大件家具，既可以使用铁锤钉入，也可以使用射钉枪发射。

（2）射钉的规格与价格。射钉的规格全部统一，钉杆为3.5mm，长度规格为PS27、PS32、PS37、PS42、PS52等。以PS37射钉为例，长度为37mm，价格为5～6元/盒，每盒100枚。

4. 地板钉

地板钉又称麻花钉，是在常规圆钉的基础上，将钉子的杆身加工成较圆滑的螺旋状，使钉子钉入时具有较强的摩擦力。地板钉专用于各种实木地板、竹地板安装，对于需要架设木龙骨进行安装的复合木地板也可以采用。常规地板钉多为镀锌铁钉（见图4-60）、镀铜铁钉（见图4-61），高档产品有不锈钢钉。

（1）地板钉规格。地板钉的规格为φ2.1～φ4.1mm，长度为38～100mm不等，其中长度为38mm与50mm的地板钉最常用，适用于不同规格的地板、木龙骨或安装构造。地板钉的价格与普通圆钉相当，不锈钢产品的价格要贵1倍。

（2）地板钉鉴别与选购。地板钉的选购方法与上述圆钉类似。

图4-58　射钉

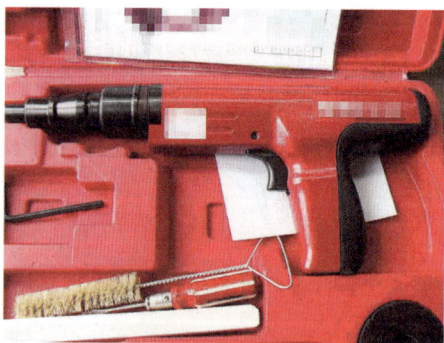

图4-59　射钉枪

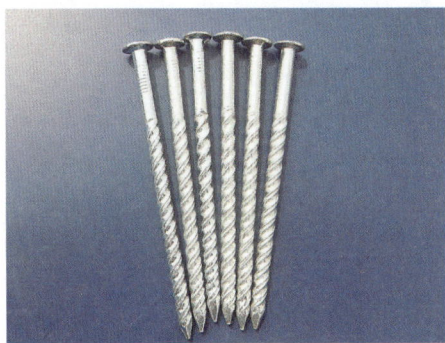
图4-60 镀锌地板钉

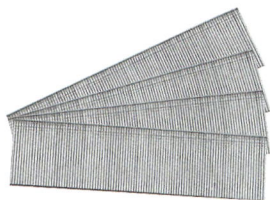
图4-61 镀铜地板钉

5. 气排钉

气排钉又称气枪钉，材质与普通圆钉相同，是装修气钉枪的专用材料，根据使用部位不同可分为多种形态，如平钉、T形钉、马口钉等。气排钉之间使用胶水粘接，钉子纤细，截面呈方形，末端平整，头端锥尖（见图4-62）。气排钉要配合专用气钉枪使用，通过空气压缩机加大气压，推动气钉枪发射气排钉，隔空射程可达20m以上（见图4-63）。

（1）气排钉的用途。在家居装修中，气排钉已成为木质工程的主要辅材，用于钉制各种板式家具部件、实木封边条、实木框架、实木或石膏板构造

等。经气钉枪钉入木材中而不漏痕迹，不影响木材继续刨削加工及表面美观，且钉接速度快，质量好，因此应用范围十分广泛。

（2）气排钉的规格与价格。气排钉常用长度的规格为10～50mm不等，产品包装以盒为单位，标准包装每盒5000枚，价格根据长度规格而定，常用的25mm气排钉的价格为6～8元/盒。也有一些厂家的包装盒大小统一，但内部包装的气排钉规格不一，每盒价格相差不大，即较长的气排钉包装数量少，较短的气排钉包装数量多。另外，还有高档不锈钢产品，其价格仍要贵1倍以上。

图4-62 气排钉

图4-63 气钉枪

6. 铆钉

铆钉是一种金属辅材，杆状的一端有帽，当穿入被连接构件后，在钉杆的外端打、压出另一头，将构件压紧、固定。在铆接工艺中，铆钉利用自身形变的特性来连接各种构件，一般采用不锈钢、铜、铝等各种合金金属制作（见图4-64）。

（1）铆钉的种类。铆钉种类很多，而且不拘形式，常用的铆钉有半圆头、平头、沉头、抽芯、空心等形式。平头、沉头铆钉用于一般载荷的铆接构造。抽芯铆钉是专门用于单面铆接的铆钉，但须使用拉铆枪进行铆接。空心铆钉质量轻，一般连接厚度小于8mm的构件用冷铆，厚度大于8mm的构件用热铆，铆接时使用铆钉器将细杆打入粗杆即可（见图4-65）。

（2）铆钉的用途。在家居装修中，铆钉主要用于金属构件安装，钢结构楼板、楼梯固定，虽然应用不多，但是铆钉的连接力度特别大，且铆钉的成本低，施工效率高，非一般钉子、螺丝可比。

（3）铆钉的规格与价格。铆钉的长度规格主要为长度10~100mm，ϕ3~ϕ10mm，其中长度每5~10mm为一个单位型号。价格根据材质不同而不同，常用的铝质铆钉，ϕ4mm，长12mm，价格为5~6元/盒，每盒50枚。

7. 泡钉

泡钉又称扣板图钉、底钉，质地与圆钉相同，但是形态与普通图钉相似，只是钉身比普通图钉长，钉头比图钉凸出，表面通过镀锌或铜来改变色彩（见图4-66）。部分泡钉采用仿古设计，钉头上有压花造型，具有怀旧风格（见图4-67）。泡钉既可以用于加固，也可以起到装饰作用，现在随着需求的发展，颜色也变得丰富而多样化，主要靠电镀得到不同的色彩效果，但电镀更重要的作用是防锈。

（1）泡钉的用途。在家居装修中，泡钉的应用部位有很多，可以安装在落地家具底部，使家具底部免受磨损。泡钉还用于塑料扣板、防裂网等轻质材料的固定安装，固定媒介一般为木质、塑料等软质材料，施工方便，用手指按压

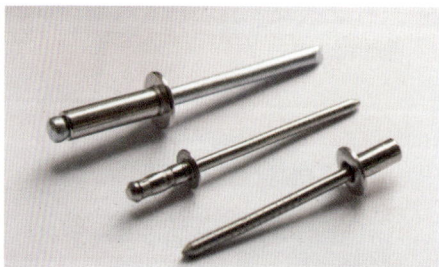

图4-64 铆钉

图4-65 铆钉器

即可。对于装修后期，具有压花纹理的泡钉还可以用于墙面软包、高档壁纸、固定沙发的边角加固或装饰。

（2）泡钉的规格。泡钉的规格很多，钉帽长度 3～50mm，特殊规格的泡钉可以定制加工。以固定塑料扣板的泡钉为例，钉身长度为14mm，钉帽6mm或 8mm，价格为3～5元/盒，每盒约300枚。

（3）泡钉的鉴别。选购泡钉时要关注质量，主要观察泡钉表面的电镀效果，可以采用360号砂纸打磨，如果轻易就露出底色、容易褪色或生锈，则说明质量不高。

（4）钉帽厚度与钉身的偏差也很关键，可以随意选几枚泡钉仔细比较，优质产品的钉身应该正好焊接在钉帽中央，无任何细微偏差。

图4-66　普通泡钉

图4-67　装饰泡钉

小安给你来总结

龙骨

T型龙骨不需要大幅面的吊顶板材，因此各种吊顶材料都可以使用，规格也比较灵活。更多的T形龙骨材料适用于厨房、卫生间、封闭阳台，表面经过电氧化或烤漆处理，龙骨里方格外露的部位光亮、不锈、色调柔和，使整个吊顶更加美观大方，安装方便，防火、抗震性能良好。中龙骨垂直固定于大龙骨之下，小龙骨垂直搭接在中龙骨的翼缘上。U形轻钢龙骨直接被垂直钢筋吊挂，钢筋规格一般为 6mm、8mm、10mm，钢筋与U型轻钢龙骨之间采用配套连接件固定。

泡沫填充剂

泡沫填充剂未固化的泡沫对皮肤与衣物有粘性，使用时不能触及皮肤或衣物。泡沫填充剂罐内有5～6kg/cm^2（25℃）的压力，储存和运输过程中温度应小于50℃，且远离明火，以防发生罐体爆炸。

白乳胶

白乳胶乳液稳定性好，储存期可达半年以上。因此，可广泛地用于印刷装订和家具制造，用于纸张、木材、布、皮革、陶瓷等的粘合。

地板钉

在木地板的企口侧部钻孔，钻头规格为28mm，深度须嵌入木龙骨内10mm左右。然后，用铁锤将地板钉钉入其中，钉到接近末端时可以采用螺丝刀衬垫钉入，直至地板钉完全进入地板内，不影响地板企口的插接。地板钉的钉入数量与间距要根据地板的长度进行控制，一般长度方向间隔600mm钉1个，固定1块地板后间隔1～2块地板再作固定。

第5章 油漆涂料环保不忽悠

　　油漆涂料能形成粘附牢固且具有一定强度与连续性的固态薄膜，对装修构造起保护、装饰、标志作用。油漆涂料品种繁多，一般以专材专用的原则选购。尤其涂料的环保性也是我们选购的一个重要指标。随着科技的飞速发展，现代家居装修中出现了越来越多的新型环保涂料，来替代传统产品，选购时务必挑选对人体无害的绿色无毒产品。

　　关键词：材料　环保　装饰

5.1 家具漆

家具漆能够使各类家具更加美观亮丽。不仅能改善家具的粗糙手感，而且能保护家具不受天气干湿的影响。在选购家具漆时根据各种家具漆的特性、价格，综合比较来选择。

家具漆是家居装修中常用的材料，主要用于各种家具、构造、墙面、顶面等界面的涂装，种类繁多，选购时要认清产品的性质。

5.1.1 聚酯漆

聚酯漆又叫不饱和漆，是一种多组分漆（见图5-1）。聚酯漆的漆膜丰满，层厚面硬。

1. 聚酯漆的优点

（1）聚酯漆不仅色彩丰富，而且漆膜厚度大，喷涂两三遍即可，并能完全覆盖基层材料。

（2）聚酯漆的漆膜综合性能优异，硬度高，坚硬耐磨，耐湿热、干热以及多种化学药品。

（3）聚酯漆颜色浅、透明度好、光泽度高，保光保色性能好，具有很好的保护性和装饰性（见图5-2）。

2. 聚酯漆的缺点

（1）聚酯漆柔韧性差，受力时容易脆裂，一旦漆膜受损不易恢复。

（2）调配比较麻烦，比例要求严格，配漆后活化期短。需要随配随用。

（3）聚酯漆修补性能比较差，损伤的漆膜修补后有印痕。

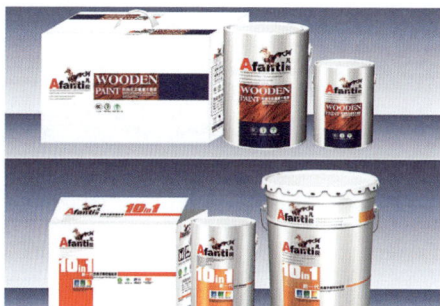

图5-1　聚酯漆

图5-2　聚酯漆光泽性好

5.1.2 硝基漆

1. 硝基漆的种类

（1）外用清漆。外用清漆是由硝化棉、醇酸树脂、柔韧剂及部分酯、醇、苯类溶剂组成，涂膜光泽、耐久性好，一般只用于室外金属与木质表面涂装（见图5-3）。

（2）内用清漆。内用清漆是由低黏度硝化棉、甘油松香酯、不干性油醇酸树脂，柔韧剂以及少量的酯、醇、苯类有机溶剂组成，涂膜干燥快、光亮、户外耐候性差，可用作室内金属与木质表面涂装。

（3）木器清漆。木器清漆是由硝化棉、醇酸树脂、改性松香、柔韧剂和适量酯、醇、苯类有机挥发物配制而成，涂膜坚硬、光亮，可打磨，但耐候性差，只能用于室内木质表面涂装。

（4）彩色磁漆。彩色磁漆是由硝化棉、季戊四醇酸树脂、颜料、柔韧剂以及适量溶剂配制而成，涂膜干燥快、平整光滑、耐候性好，但耐磨性差，适用于室内外金属与木质表面的涂装（见图5-4）。

2. 硝基漆的用途

在家居装修中，硝基漆主要用于木器及家具、金属、水泥等界面，一般以透明、白色为主。优点是装饰效果较好，不氧化发黄，尤其是白色硝基漆质地细腻、平整，干燥迅速，对涂装环境的要求不高，具有较好的硬度与亮度，修补容易。缺点是固含量较低，需要较多的施工遍数才能达到较好的效果，此外，硝基漆的耐久性不太好，尤其是内用硝基漆，其保光保色性不好，使用时间稍长就容易出现诸如失光、开裂、变色等弊病。

3. 硝基漆的规格与价格

硝基漆常用包装为0.5~10kg/桶，其中3kg包装产品价格为70~80元/桶，需要额外购置稀释剂调和使用。

4. 硝基漆的鉴别

硝基漆的选购方法与清漆类似，只是硝基漆的固含量一般都大于40%，气味温和，劣质产品的固含量仅在20%左右，气味刺鼻。硝基漆在运输时应防止雨淋、日光暴晒，避免碰撞。产品应存放在阴凉通风处，防止日光直接照射，并隔绝火源，远离热源的部位。

图5-3 硝基漆

图5-4 硝基漆色板

硝基漆以喷涂为主（见图5-5和图5-6）。施工前应将被涂物表面彻底清理干净。聚酯漆柔韧性差，受力时容易脆裂，一旦漆膜受损不易恢复。搬迁时应该保护家具。

图5-5　硝基漆喷涂

图5-6　施工完毕

5.2　墙面漆

市场上的墙面漆多种多样，作为普通业主一般不知道该如何挑选。为求安全，建议主要从三方面进行选择：环保指标、使用寿命、遮盖力。

墙面漆是家庭装修中用于墙面的主要饰材之一，在基础装修费中占一定的比例，选择优质的墙面漆是非常重要的。

5.2.1　乳胶漆

乳胶漆又称合成树脂乳液涂料，是

有机涂料的一种。是以合成树脂乳液为基料加入颜料、填料及各种助剂配制的水性涂料（见图5-7和图5-8）。

1. 乳胶漆的优点

乳胶漆干燥速度快。在25℃时，30分钟内表面即可干燥，120分钟左右就可以完全干燥。乳胶漆耐碱性好，涂于碱性墙面、顶面及混凝土表面，不返粘，不易变色。色彩柔和，漆膜坚硬，表面平整无光，观感舒适，色彩明快而柔和，颜色附着力强。乳胶漆调制方便，易于施工。可以用清水稀释，能刷涂、滚涂、喷涂，工具用完后可用清水清洗，十分便利。

2. 乳胶漆的种类

（1）亚光漆。亚光漆无毒、无味，具有较高的遮盖力、良好的耐洗刷性，附着力强，耐碱性好，安全环保，施工方便，流平性好，是目前家居装修的主要涂料品种（见图5-9）。

（2）丝光漆。丝光漆涂膜平整光滑、质感细腻、具有丝绸光泽、遮盖力高、附着力强、抗菌防霉、耐水耐碱，涂膜可洗刷，光泽持久，适用于卧室、书房等小面积空间（见图5-10）。

（3）有光漆。有光漆色泽纯正、光泽柔和、漆膜坚韧、附着力强、干燥快、防霉耐水、耐候性好、遮盖力高，

图5-7 乳胶漆（1）

图5-8 乳胶漆（2）

图5-9 亚光漆

图5-10 丝光漆

适用于客厅、餐厅等大面积空间。

（4）高光漆。高光漆具有超强遮盖力，坚固美观，光亮如瓷，有很高的附着力及高防霉抗菌性能，耐洗刷，涂膜耐久且不易剥落，坚韧牢固，主要适用于别墅、复式等高档豪华住宅（见图5-11）。

（5）还有固底漆与罩面漆等品种。固底漆能有效地封固墙面，耐碱防霉的涂膜能有效地保护墙壁，极强的附着力能有效防止面漆咬底龟裂，适用于各种墙体基层使用。罩面漆的涂膜光亮如镜，耐老化，极耐污染，内外墙均可使用，污点一洗即净，适用于厨房、卫生间、餐厅等易污染的空间。

3. 乳胶漆的规格与价格

乳胶漆常用包装为3~18kg/桶，其中18kg包装产品价格为150~400元/桶，知名品牌产品还有配套组合套装产品，即配置固底漆与罩面漆，价格为800~1200元/套。乳胶漆的用量一般为12~18m²/L，涂装2遍。

4. 乳胶漆的鉴别

（1）掂量包装，1桶5L包装的乳胶

漆约重8kg，1桶18L包装的乳胶漆约重25kg。还可以将桶提起来摇晃，优质乳胶漆晃动一般听不到声音，很容易晃动出声音则证明乳胶漆黏稠度不高。

（2）可以购买1桶小包装产品，打开包装后观察乳胶漆，优质产品比较黏稠，且细腻润滑，后用木棍挑起乳胶漆，优质产品的漆液自然垂落能形成均匀的扇面，不应断续或滴落（见图5-12）。

（3）可以闻一下乳胶漆，优质产品有淡淡的清香，而伪劣产品具有泥土味，甚至带有刺鼻气味，或无任何气味。

（4）用手触摸乳胶漆，优质产品比较黏稠，呈乳白色液体，无硬块、搅拌后呈均匀状态。漆液能在手指上均匀涂开，能在2分钟内干燥结膜，且结膜有一定的延展性（见图5-13）。

5.2.2 真石漆

真石漆又称石质漆，主要由高分子聚合物、天然彩色砂石及相关助剂制成，干结固化后坚硬如石，看起来像天然花岗岩、大理石一样（见图5-14和图

图5-11 高光漆

图5-12 挑起乳胶漆

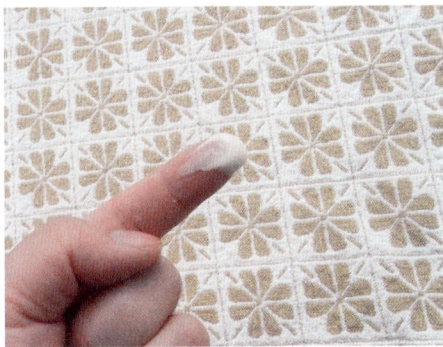

图5-13　拿捏黏稠度

图5-14　真石漆

5-15）。在现代家居装修中，真石漆主要用于室内各种背景墙涂装，或用于户外庭院空间墙面、构造表面涂装。

1. 真石漆的优点

真石漆具有防火、防水、耐酸碱、耐污染、无毒、无味、粘结力强、永不

图5-15　彩色石砂

褪色等特点，能有效地阻止外界环境对墙面的侵蚀，由于真石漆具备良好的附着力和耐冻融性能，因此特别适合在寒冷地区使用。真石漆具有施工简便，易干省时，施工方便等优点，且有天然真实的自然色泽，给人以高雅、和谐、庄重之美感，可以获得生动逼真，回归自然的效果（见图5-16和图5-17）。

2. 真石漆的涂层构成

（1）抗碱封底漆。抗碱封底漆对不同类型的基层分为油性与水性，封底漆的作用是在溶剂（或水）挥发后，其中的聚合物及颜填料会渗入基层的孔隙中，从而阻塞了基层表面的毛细孔，这样基

图5-16　真石漆样本

图5-17　真石漆效果

层表面就具有了较好的防水性能，可以消除基层因水分迁移而引起的泛碱、发花等，同时也增加了真石漆主层与基层的附着力，避免了剥落、松脱现象。

（2）真石漆。真石漆是由骨料、粘结剂、各种助剂和溶剂组成。骨料是天然石材经过粉碎、清洗、筛选等多道工序加工而成，具有很好的耐候性。一般为非人工烧结彩砂、天然石粉、白色石英砂等，相互搭配可调整颜色深浅，使涂层的色调富有层次感，能获得类似天然石材的质感，同时也降低了生产成本。粘结剂直接影响着真石漆膜的硬度、粘结强度、耐水、耐候等多方面性能，粘结剂为无色透明状，在紫外线照射下不易发黄、粉化。

图5-18　硅藻涂料

图5-19　硅藻涂料调和

（3）罩面漆。罩面漆主要是为了增强真石漆涂层的防水性、耐污性、耐紫外线照射等性能，也便于日后清洗。罩面漆主要为油性双组分氟碳透明罩面漆与水性单组分硅丙罩面漆。

3. 真石漆的规格与价格

真石漆常见桶装规格为5～18kg/桶，其中25kg包装的产品价格为100～150元/桶，可涂装15～20m^2。

5.2.3　硅藻泥

硅藻涂料是以硅藻泥为主要原材料，添加多种助剂的粉末装饰涂料。硅藻泥是一种天然环保内墙装饰材料，可以用来替代壁纸或乳胶漆（见图5-18～图5-20）。

1. 硅藻泥的优点

（1）硅藻泥本身无任何的污染，不含任何有害物质及有害添加剂，为纯绿色环保产品。

（2）硅藻泥具备独特的吸附性能，可以有效去除空气中的游离甲醛、苯、氨等有害物质，以及宠物、吸烟、垃圾

图5-20　硅藻涂料效果（1）

所产生的异味，可以净化室内空气。

（3）硅藻泥由无机材料组成，因此不燃烧，即使发生火灾，也不会冒出任何对人体有害的烟雾。当温度上升至1300℃时，硅藻泥只是出现熔融状态，不产生有害气体及其他烟雾。

（4）硅藻泥具有很强的降低噪声功能，其功效相当于同等厚度的水泥砂浆的2倍以上，不易产生静电，墙体表面不易落尘。

2．硅藻泥的用途

在现代家居装修中，硅藻泥适用于各种背景墙，如卧室、书房、儿童房等空间的墙面涂装，具有良好的装饰效果，适用于别墅、复式住宅装修（见图5-21和图5-22）。硅藻泥为粉末装饰涂料，在施工中加水调和使用。

3．硅藻泥的规格与价格

硅藻泥主要有桶装与袋装两种包装，桶装规格为5～18kg/桶，5kg包装的产品价格为100～150元/桶。袋装价格较低，袋装规格一般为20kg/袋，价格为200～300元/袋，用量一般为1kg/m²。

4．硅藻泥的鉴别

（1）应选择知名品牌产品，选择有独立门店，且在当地口碑较好的品牌。

（2）优质硅藻泥粉末不吸水，用手拿捏为特别干燥的感觉。

（3）如果条件允许，可以取适量硅藻泥粉末放入水中，如果硅藻泥能够还原成泥状，则为真硅藻泥，反之则为假冒产品。

（4）由于硅藻泥具有吸附性，可以在干燥的、空的600ml纯净水塑料瓶内放入约50%容量的硅藻泥粉末，将香烟烟雾吹入其中后封闭瓶盖，不断摇晃瓶身，约10分钟后打开瓶盖仔细闻一下，正宗产品应该基本没有烟味。

5.2.4 液体壁纸

液体壁纸是一种新型的艺术装饰涂料，为液态桶装，通过专有模具，可以在墙面上做出风格各异的图案。该产品主要取材于天然贝壳类生物的壳体，黏合剂也选用无毒、无害的有机胶体，是真正的天然、环保产品（见图5-23和图5-24）。

图5-21　硅藻涂料效果（2）

图5-22　硅藻涂料效果（3）

液体壁纸有如下优点：

（1）液体壁纸之所以被称为绿色环保材料，是因为施工时无须使用建筑胶水、聚乙烯醇等，所以不含铅、汞等重金属以及醛类物质，从而做到无毒、无污染。

（2）由于是水性材料，液体壁纸的抗污性很强，同时具有良好的防潮、抗菌性能，不易生虫，不易老化。

（3）液体壁纸不仅克服了乳胶漆色彩单一、无层次感及壁纸易变色、翘边、起泡、有接缝、寿命短的缺点，而且具备乳胶漆易施工、图案精美等特点，是集乳胶漆与壁纸的优点于一身的高科技产品。

近几年来，液体壁纸产品开始在国内盛行，装饰效果非常好，成为墙面装饰的最新产品。

图5-23　液体壁纸铺装

图5-24　液体壁纸印花滚筒

小安给你来总结

现在生活品质提高了，乳胶漆早已不是以往单调的白色，许多装修业主希望墙面色彩有所变化。乳胶漆可以调制出各种色彩。知名品牌乳胶漆的经销商都提供调色服务，费用为购置产品的5%左右，调色前提供色板参考（见图5-25和图5-26），采用专业机械调色，精准度高，可以多次调色（见图5-27），色彩效果统一。装修业主也可以购买彩色颜料自行调色，在文具店或美术用品商店购买水粉颜料（见图5-28），加清水稀释后逐渐倒入白色乳胶漆中，搅拌均匀即可。调色时应注意，所调配的颜色应比预想的色彩要深些，因为乳胶漆涂装完毕干燥后会变浅。

图5-25 乳胶漆色板

图5-26 乳胶漆色板

图5-27 调色机

图5-28 水粉颜料

真石漆

真石漆应存放于5～40℃的阴凉干燥处，严防暴晒或霜冻，未开封常温下可以保存12个月。

硅藻涂料

硅藻涂料墙面具有一定的凸凹感，在施工与使用中难免会受到污染，一般污迹可以用软橡皮、硬橡皮或细砂纸等简单工具清洁，即可不留任何痕迹。

5.3 特种涂料

在现代家装中，越来越多的创新型材料层出不穷，也有越来越多的装修业主开始了解并接受各种新型材料。看上去在特种涂料上多花费了金钱与精力，实际上是为日后的安全以及后期维修节省了精力。

特种涂料是指用于特殊场合，满足特殊功能的涂料，主要对涂装界面起保护、封闭的作用，是现代家居装修必不可少的材料。

5.3.1 防水涂料

防水涂料是指涂刷在装修构造或住宅建筑表面，经化学反应形成一层薄膜，使被涂装表面与水隔绝，从而起到防水、密封的作用，其涂刷的黏稠液体统称为防水涂料。

1. 防水涂料的用途

防水涂料在常温下呈黏稠状液体，经涂布固化后，能形成无接缝的防水涂膜，特别适宜在立面、阴阳角、穿结构层管道、凸起物、狭窄场所等细部构造处进行防水施工，能在这些复杂部件表面形成完整的防水膜。防水涂料施工属冷作业，操作简便，劳动强度低。防水涂料经固化后形成的防水薄膜具有一定的延伸性、弹塑性、抗裂性、抗渗性及耐候性，能起到防水、防渗、保护作用。

2. 防水涂料的种类

（1）溶剂型防水涂料。溶剂型防水涂料的主要成膜物质是高分子材料，溶解于有机溶剂中成为溶液（见图5-29）。涂料通过溶剂挥发，经过高分子物质分子链接触、搭接等过程而成膜。涂料干燥快，成膜较薄且致密，生产工艺简易，稳定性较好，但是易燃、易爆、有毒。

（2）水乳型防水涂料。水乳型防水涂料的主要成膜物质是高分子材料与微小颗粒，稳定悬浮在水中。涂料通过水分蒸发，经过固体微粒接近、接触、变形等过程而成膜（见图5-30和图5-31）。涂料干燥较慢，一次成膜的致密性较溶剂型涂料低，一般不宜在5℃以下施工，可在稍为潮湿的基层上施工，无毒，不燃，生产、储运、使用比较安全，且操作简便，不污染环境。

（3）反应型防水涂料。反应型防水涂料的主要成膜物质是高分子材料，以液态形式存在。涂料通过液态的高分子

图5-29 溶剂型防水涂料

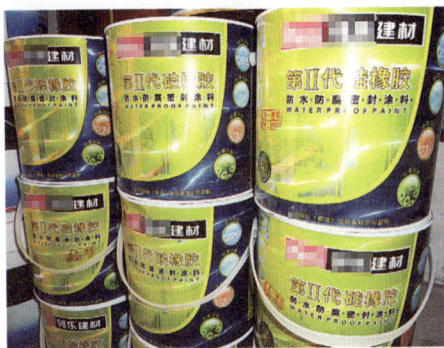
图5-30 水乳型防水涂料（1）

预聚物与相应物质发生化学反应，从而成膜，无收缩，涂膜致密，价格较贵（见图5-32）。

3. 硅橡胶防水涂料的优点

（1）硅橡胶防水涂料具有较好的渗透性、成膜性、耐水性、弹性、粘接性、耐高低温性等性能，并可在干燥或潮湿而无明水的基层进行施工作业。

（2）该涂料以水为分散介质，在生产与施工时无刺激性异味、无毒，不污染环境，安全可靠。可在常温条件进行涂布施工，并容易形成连续、弹性、无缝、整体的涂膜防水层。

（3）涂膜的拉伸强度较高、断裂延伸率较大，对基层伸缩或开裂变形的适应性较强，且耐候性好，使用寿命较长。

4. 硅橡胶防水涂料的缺点

硅橡胶防水涂料的主要缺点是固体份比反应固化型涂料低，若要达到与其相同的涂膜厚度时，不但涂刷施工的遍数多，而且单位面积的涂料用量多，施工成本较高。

5. 防水涂料的规格与价格

常见包装规格为1～5kg/桶，其中5kg包装的产品价格为150～200元/桶，可涂刷约12～15m²。防水涂料应购买知名品牌产品，由于用量不多，可到大型建材超市或专卖店购买。

图5-31 水乳型防水涂料（2）

图5-32 反应型防水涂料

5.3.2 防火涂料

防火涂料除防火助剂外，其他涂料组分在涂料中的作用和在普通涂料中的作用一样，但是在性能与用量上有的具有特殊要求（见图5-33）。防火涂料的防火原理是涂膜层能使底材与火隔离，从而延长了热侵入装饰材料的时间，即延迟、抑制火焰的蔓延。

1. 防火涂料的用途

防火涂料主要用于木质吊顶、隔墙、构造等基层材料的界面涂刷，如木质龙骨、板材表面。防火涂料是指用于可燃性装饰材料、构造表面，能降低被涂界面的可燃性、阻滞火灾的迅速蔓延，用以提高被涂材料耐火极限的特种涂料。防火涂料除了具有一般涂料的防锈、防水、防腐、耐磨特性以及涂层坚韧性、着色性、黏附性、易干性和一定的光泽以外，其自身应是不燃或难燃的，不起助燃作用。

2. 防火涂料的种类

（1）非膨胀型防火涂料主要用于木材、纤维板等板材质的防火，用在木结构屋架、顶棚、门窗等表面（见图5-34）。

（2）膨胀型防火涂料主要用于保护电缆、聚乙烯管道、绝缘板，可用于建筑物、电力设施、电缆的防火。

3. 防火涂料的规格与价格

防火涂料常见包装规格为5~20kg/桶，其中20kg包装的产品价格为200~300元/桶，其用量为1m²/kg。防火涂料应购买知名品牌产品，由于用量不多，可以到大型建材超市或专卖店购买。

5.3.3 防锈涂料

防锈涂料是指保护金属表面免受大气、水等物质腐蚀的涂料。在金属表面涂上防锈涂料能够有效地避免大气中各种腐蚀性物质的直接入侵，使得最大地延长金属使用期限（见图5-35和图5-36）。

1. 防锈涂料的种类

（1）物理防锈涂料靠颜料与漆料的适当配合，形成致密的漆膜以阻止腐蚀性物质的侵入，如铁红、铝粉、石墨防锈漆等。

（2）化学防锈涂料靠防锈颜料的化学作用来防锈，如红丹、锌黄防锈漆等。

图5-33 防火涂料

图5-34 防火涂料涂刷龙骨

2. 防锈涂料的用途

防锈涂料主要用于金属材料的底层涂装，如各种型钢、钢结构楼梯、隔墙、楼板等构件，涂装后表面可再作其他装饰（见图5-37和图5-38）。

3. 防锈涂料的规格与价格

传统防锈涂料为醇酸漆，价格低廉，常用包装为0.5～10kg/桶，其中3kg规格包装产品价格为50～60元/桶，需要额外购置稀释剂调和使用。现代厚防锈涂料多用套装产品，1组包装内包括漆2kg、固化剂1kg、稀释剂2kg等3种材料，价格为200～300元/组，每组可涂刷12～20m²。防锈涂料的选购、施工方法与厚漆基本一致。

图5-35 防锈涂料

图5-36 防锈涂料

图5-37 防锈涂料涂装

图5-38 防锈涂料涂装

121

防水涂料

硅橡胶防水涂料主要用于厨房、卫生间、阳台、露台、水池等室内外空间界面防水。

防火涂料

防火涂料施工方法简单，施工温度一般为5℃以上。施工前将基材表面上的尘土、油污除去干净。涂料必须充分搅拌均匀方可使用。若涂料黏度太大，可加少量的清水稀释。刷涂、滚涂均可，一般3～4遍即可。对木质龙骨、板材进行涂刷时，可在构造安装前涂刷2遍，构造成型后再涂刷1～2遍。

5.4 辅料配件

由于油漆涂料的辅料有一些是作为涂刷油漆涂料前的基础工作，所以选购这些辅助材料时也不能选购太便宜的劣质产品，否则会影响后期油漆涂料的施工，影响整个家装的进度与观赏性。

油漆涂料的辅料配件是在涂油漆或者涂料前的基础原料或者涂刷油漆涂料过程中需要的辅助材料。有了优质的辅料配件以及精湛的施工技术才能把油漆涂料涂刷工作做好。

5.4.1 石膏粉

1. 石膏粉的用途

石膏粉主要用于修补石膏板吊顶、隔墙填缝，刮平墙面上的线槽，刮平未批过石灰的水泥墙面、墙面裂缝等，能使表面具有防开裂、固化快、硬度高、易施工等特点（见图5-39和图5-40）。

2. 石膏粉的优点

（1）石膏粉的主要原料是天然二水石膏，又称生石膏。它具有凝结速度比较快、硬化后具有膨胀性、凝结硬化后孔隙率大、防火性能好、可调节室内温度湿度等特点，同时具备保湿、隔热、吸声、耐水、抗渗、抗冻等功能。

（2）现代家居装修所用的石膏粉多为改良产品，在传统石膏粉中加入了增稠剂、促凝剂等添加剂，使石膏粉与基层墙体、构造结合更完美（见图5-41和图5-42）。

3. 石膏粉的规格与价格

品牌石膏粉的包装规格一般为每袋5～50kg不等，可以根据实际用量来选购，其中包装为20kg的品牌石膏粉价格为50～60元/袋，散装普通生石膏粉价格为2～3元/kg。

5.4.2 腻子粉

腻子粉是指在油漆涂料施工之前，对施工界面进行预处理的一种成品填充材料。主要目的是填充施工界面的孔隙并矫正施工面的平整度，为获得均匀、平滑的施工界面打好基础。

1. 腻子粉的种类

（1）一般型腻子用于不要求耐水的场所。由双飞粉（碳酸钙）、淀粉胶、纤维素组成。其中淀粉胶是一种溶于水的胶，遇水溶化，不耐水，适用于北方干燥地区。

（2）耐水型腻子用于要求耐水、高粘结强度的地区，由双飞粉（碳酸钙）、

图5-39 石膏腻子

图5-40 施工腻子刮墙

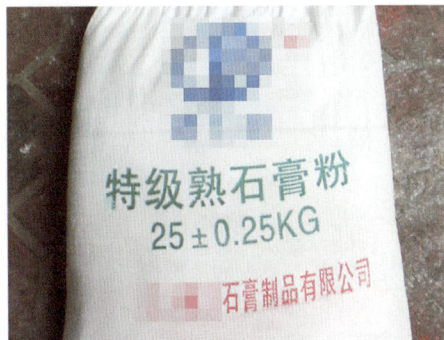

图5-41 石膏粉（1）

图5-42 石膏粉（2）

灰钙粉、水泥、有机胶粉、保水剂等组成，具耐水性、耐碱性、粘结强度高等特性（见图5-43）。

2．腻子粉的优点

（1）目前，在家居装修中，一般多将腻子粉加清水搅拌调和，即可得到能立即用于施工的成品腻子，又称水性腻子。它是根据一定配比，采用机械化方式生产出来的，避免了传统施工现场手工配比造成的误差，能有效保证施工质量。

（2）绿色环保，无毒无味，不含甲醛、苯、二甲苯以及挥发性有害物质。在施工现场兑水即用，操作方便，工艺简单。此外，对于彩色墙面，可以采用彩色腻子，即在成品腻子中加入矿物颜料，如铁红、炭黑、铬黄等（见图5-44）。

3．腻子粉的规格与价格

腻子粉的品种十分丰富，知名品牌腻子粉的包装规格一般为20kg/袋，价格为50～60元/袋。其他产品的包装一般为5～25kg/袋不等，可以根据实际用量来选购，其中包装为15kg的腻子粉价格为15～30元/袋。

4．腻子粉的鉴别

目前市场上的成品腻子种类繁多，价格差距很大。

（1）打开包装仔细闻一下腻子粉的气味，优质产品无任何气味，而有异味的一般为伪劣产品。接着，用手拿捏一些腻子粉，感受其干燥程度，优质产品应当特别细腻、干燥，在手中有轻微的灼热感，而冰凉的腻子粉则大多受潮。

（2）仔细阅读包装说明，优质产品只需加清水搅拌即可使用，而部分产品的包装说明上要求加入901建筑胶水或白乳胶，说明这并不是真正的成品腻子。有的产品虽然没有提出添加额外材料的要求，但是经销商却建议另购辅助材料添加进去，这也说明产品质量不完善。

（3）关注产品包装上的执行标准、质量、生产日期、包装运输或存放注意事项、厂家地址等信息，优质产品的包装信息应当特别完善。

5.4.3　建筑胶水

901建筑胶水是以聚乙烯醇、水为

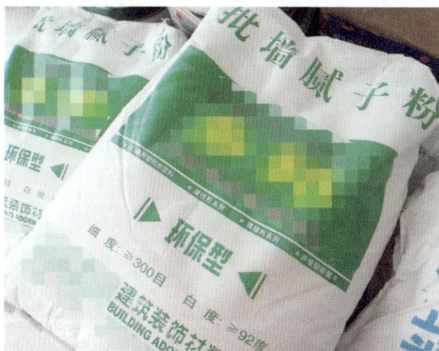

图5-43　成品腻子粉

图5-44　成品腻子粉调色搅拌

主要原料，加入尿素、甲醛、盐酸、氢氧化钠等添加剂制成的（见图5-45和图5-46）。一般认为，901建筑胶水中所含甲醛较少，基本在国家规定的范围内，相对于传统107与801胶水而言较为环保，这也是目前家居装修墙面施工基层处理的主要材料。

1. 901建筑胶水的优点

（1）901建筑胶水是107建筑胶水的改良产品，是在生产107胶水过程中加入了一套生产工序，即用尿素缩合游离甲醛成尿醛，目的是减少游离甲醛含量，表现为刺激性气味减少，但是很多厂家的生产设备达不到标准，游离甲醛不会被缩合彻底，且尿醛很容易还原成甲醛与尿素。

（2）901建筑胶水主要在生产工艺上进一步提高，传统801建筑胶水的固含量为6%，而901建筑胶水的固含量为4%，在储存、施工过程中，使尿醛不再可以轻易还原成甲醛与尿素而污染环境。

2. 901建筑胶水的规格与价格

901建筑胶水的常用包装规格为每桶3、10、18kg等，常见的18kg桶装产品价格为60～80元/桶，知名品牌正宗产品的价格为120～150元/桶，其产品质量有保证。

5.4.4 砂纸

砂纸俗称砂皮，是一种供研磨用的材料。用以研磨金属、木材等表面，以使其光洁平滑。通常在原纸上胶着各种研磨砂粒而成。原纸全部用未漂硫酸盐木浆制成。纸质强韧，耐磨耐折，并有良好的耐水性。将玻璃砂等研磨物质用树胶等胶粘剂粘着于原纸，经干燥而成。

砂纸有如下种类：

（1）海绵砂纸。适合打磨圆滑部分，各种材料均可。海绵砂纸砂磨工艺具有生产效率高、被加工表面质量好、生产成本低等特点，因此在家具生产中得到广泛的应用，家具产品的最终表面质量与砂磨工艺有着密切的关系。海绵砂纸是砂磨工艺的主要工具（见图5-47）。

（2）干磨砂纸。干磨砂纸以合成树脂为粘结剂将碳化硅磨料粘接在乳胶之

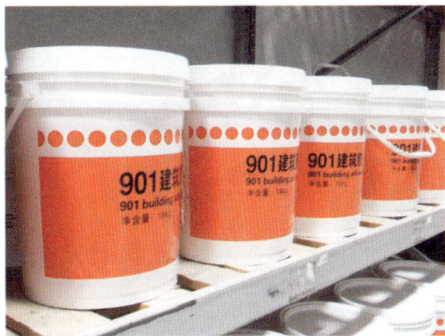

图5-45　901建筑胶水

图5-46　901建筑胶水调和

上，并涂以抗静电的涂层制成高档产品（见图5-48）。具有防堵塞、防静电、柔软性好、耐磨度高等优点。多种细度可供选择，适于打磨金属表面、腻子和涂层。干磨砂纸一般选用特制牛皮纸和乳胶纸，选用天然和合成树脂作粘结剂，经过先进的高静电植砂工艺制造而成，此产品磨削效率高，不易粘屑，适用于干磨。广泛应用于家具、装修等行业，特别是粗磨。

（3）水磨砂纸。质感比较细，水磨砂纸适合打磨一些纹理较细腻的东西，而且适合后加工（见图5-49）。水磨砂纸砂粒之间的间隙较小，磨出的碎末也较小，因和水一起使用时碎末就会随水流出，所以应和水一起使用，如果拿水砂纸干磨的话碎末就会留在砂粒的间隙中，使砂纸表面变光从而达不到它本有的效果，而干砂纸就没那么麻烦，它的沙粒之间的间隙较大，磨出来的碎末也较大，它在磨的过程中由于间隙大，碎末会掉下来，所以干砂纸不需要和水一起使用。

（4）无尘网砂纸。使用无尘网砂打磨，可以将有害微粒由于飘散所造成的危害降至最低（见图5-50）。P80～P1000的粒度范围可以保证全部无尘打磨作业一次实现。与传统打磨材料对比，没有堵塞极少的结块，高效地吸尘从根本上解决了结块的产生。

图5-47 海绵砂纸

图5-48 干磨砂纸

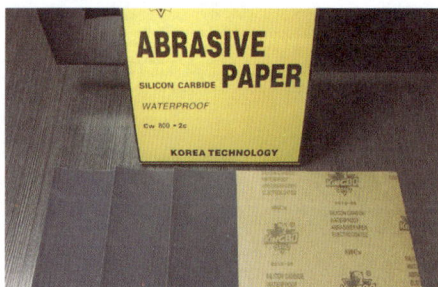

图5-49 水磨砂纸

图5-50 无尘网砂纸

腻子粉

腻子粉保存时要注意防水、防潮，储存期为6个月。多种品牌的腻子粉不宜在同一施工面上使用，以免引起化学反应或色差。

建筑胶水

在施工中，901建筑胶水主要用于配制涂料腻子，也可以添加到水泥砂浆或混凝土中，以增强水泥砂浆或混凝土的胶粘强度，起到基层与涂料之间的过渡作用。901建筑胶水加双飞粉（见图5-51）加熱胶粉（见图5-52）的混合物被称为涂料腻子，在涂料、壁纸施工前用于基层处理。涂装工程的质量，取决于腻子、涂料、施工三者的质量水平。优质901建筑胶水打开包装后无任何异味，搅拌时黏稠度适中，质地均匀且呈透明状。在施工过程时，901建筑胶水应在施工现场调配，应按包装说明与其他材料按比例均匀搅拌，一般不宜直接使用，不能将配制好的成品材料长时间存放。正宗901建筑胶水为桶装产品，其他袋装产品易挥发易破损，不宜选购（见图5-53和图5-54）。

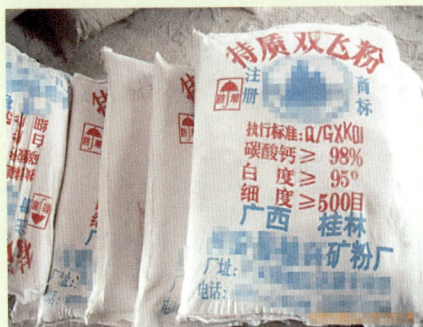

图5-51　双飞粉

图5-52　熟胶粉

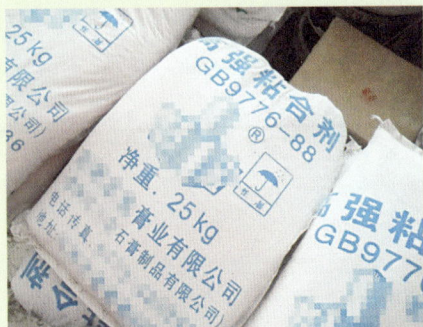

图5-53　袋装建筑胶水

图5-54　建筑胶水

第5章　油漆涂料环保不忽悠

第6章 壁纸窗帘地毯样样通

壁纸织物是家居装修后期的重要材料，除各种油漆涂料外，壁纸织物最能体现装修的质感、档次，由于很多装修业主都能自己动手铺装，因此壁纸织物成为材料选购的重点。壁纸织物的生产原料多样，质地丰富，价格差距很大，选购壁纸织物时，不仅要根据审美喜好选择花纹色彩，还要注意识别质量，注重施工工艺。

关键词：质感　价格　色彩

6.1 壁纸

　　因为很多装修业主能自己动手铺装壁纸织物，所以壁纸织物往往需要业主个人大量选购。而且普通住户一般是从美观角度来选择，却往往很少从专业方面考虑壁纸织物等的选购。本章从比较科学的角度介绍了壁纸织物的选购方法。

　　壁纸织物又称为壁纸，是裱糊室内墙面的装饰性纸张或布，也可以认为是墙壁装修的特种纸材。现代壁纸的主要原料是选用树皮、化工合成的纸浆，经漂白后制作成原纸，再经不同工序深加工，如涂布、印刷、压纹或表面覆塑，最后经裁切、包装成品。壁纸属于绿色环保材料，不散发有害人体健康的物质。壁纸应用源于欧洲，现今在北欧、日本、韩国等国家非常普及。

6.1.1 塑料壁纸

　　塑料壁纸是目前生产最多、销量最大的壁纸，它是以优质木浆纸为基层，以聚氯乙烯（PVC）塑料为面层，经印刷、压花、发泡等工序加工而成（见图6-1和图6-2）。塑料壁纸的底纸，要求能耐热、不卷曲，有一定强度，一般为$80 \sim 150 g/m^2$的纸张。

1. 塑料壁纸的种类

　　（1）普通壁纸。普通壁纸是以$80 \sim 100 g/m^2$的纸张做基材，涂有$100 g/m^2$左右的PVC塑料，经印花、压花而成，这种壁纸适用面广，价格低廉，是目前最常用的壁纸产品。

　　（2）发泡壁纸。发泡壁纸是以100～

图6-1　塑料壁纸（1）

图6-2　塑料壁纸（2）

150g/m²的纸张作基材，涂有300～400g/m²的掺有发泡剂的PVC糊状树脂，经印花后再加热发泡而成，是一种具有装饰与吸声功能的壁纸，图案逼真，立体感强，装饰效果好。

（3）特种壁纸。特种壁纸包括耐水壁纸、阻燃壁纸、彩砂壁纸等多个品种。

2. 塑料壁纸的优点

塑料壁纸具有一定的伸缩性、韧性、耐磨性与耐酸碱性，抗拉强度高，耐潮湿，吸声隔热，美观大方。施工时应采用涂胶器涂胶，传统手工涂胶很难达到均匀的效果。

6.1.2 植绒壁纸

静电植绒壁纸是指采用静电植绒法将合成纤维短绒植于纸基上的新型壁纸。常用于点缀性极强的局部装饰（见图6-3和图6-4）。

静电植绒壁纸有丝绒的质感，不反光，具有一定吸声效果，无气味，不褪色，具有植绒布的美感、消声、杀菌、耐磨等特性，完全环保、不掉色、密度均匀、手感好，花型、色彩丰富。但是，静电植绒壁纸具有不耐湿、不耐脏、不便擦洗等缺点，因此在施工与使用时需注意保洁。

6.1.3 壁布

壁布实际上是壁纸的另一种形式，同样有着变幻多彩的图案、瑰丽无比的色泽，但在质感上比壁纸更胜一筹。壁布也被称为墙上的时装，具有艺术与工艺附加值。

1. 壁布的种类

（1）单层壁布。单层壁布由一层材料编织而成，或丝绸，或化纤，或纯绵，或布革，其中一种锦缎壁布最为绚丽多彩，由于其缎面上的花纹是在三种以上颜色的缎纹底上编织而成，因而更显古典雅致（见图6-5）。

（2）复合型壁布。复合型壁布是由两层以上的材料复合编织而成，分为表面材料和背衬材料，背衬材料又主要分发泡和低发泡两种（见图6-6和图6-7）。

（3）玻璃纤维壁布。防潮性能良好、

图6-3 静电植绒壁纸（1）

图6-4 静电植绒壁纸（2）

花样繁多，其中一种浮雕壁布因其特殊的结构，具有良好的透气性而不易滋生霉菌，能够适当地调节室内的微气候（见图6-8）。

2. 壁布的优点

（1）壁布表层材料的基材多为天然物质，无论是提花壁布、纱线壁布，还是无纺布壁布、浮雕壁布，经过特殊处理的表面，其质地都较柔软舒适，而且纹理更加自然。

（2）壁布不仅有着与壁纸一样的环保特性，而且更新也很简便，并具有更强的吸声、隔声性能，还可防火、防霉、防蛀，也非常耐擦洗。

（3）壁布本身的柔韧性、无毒、无味等特点，使其既适合铺装在人多热闹的客厅或餐厅，也更适合铺装在儿童房或有老人的居室里。

（4）壁布使用方便，经久耐用，可擦可洗，更换容易。一般正常使用10年没有问题。轻微的污迹用湿抹布即可擦掉，严重的如油烟、食品残渣、钢笔涂鸦等，用抹布或牙刷蘸家用清蘸剂即可擦掉。

（5）价格方面可以满足不同层次的需要，为10～1000元/m^2。

3. 壁布的鉴别

（1）观察。看一看壁布的表面是否存在色差、皱褶和气泡，壁布的花案是

图6-5　单层壁布

图6-6　发泡壁布

图6-7　低发泡壁布

图6-8　玻璃纤维壁布

否清晰、色彩均匀。

（2）触摸。看过之后，可以用手摸一摸壁布，感觉它的质感是否好，纸的薄厚是否一致。

（3）闻味。这一点很重要，如果壁布有异味，很可能是甲醛、氯乙烯等挥发性物质含量较高。

（4）擦拭。可以裁一块壁布小样，用湿布擦拭纸面，看看是否有脱色的现象。

6.1.4 基膜与壁纸胶

1. 基膜

基膜是一种专业抗碱、防潮、防霉的墙面处理材料（见图6-9和图6-10）。能有效地防止施工基面的潮气、水分及碱性物质外渗，避免对墙体装饰材料如墙纸、涂料层、胶合板、装饰板产生返潮、发霉发黑等损害。

（1）基膜的用途。

1）墙纸、墙布、装饰板材基面的隔潮防霉。防潮膜可配套墙纸、墙布、高档装饰板材使用的基面保护处理材料，

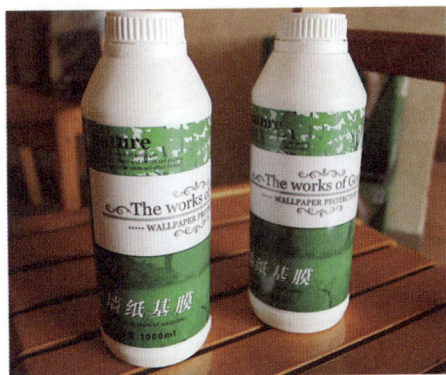

图6-10 基膜（2）

能有效地防止施工基面的潮气及碱性物质外渗，在施工基面喷或刷1~2道，再铺设墙纸、三合板等。

2）内墙防潮，卫生间、厨房间的地面防潮。铲除霉烂、松软起壳层至基底，用防水砂浆抹刮平即可。如果新建普通砂浆墙面、地面，则应喷、刷两遍防潮膜。卫生间、厨房在上述处理后再铺设面砖、地砖，可有效防止渗水和隔潮。

3）水泥地面铺木地板隔潮。水泥地面收干，钉上木搁栅后喷、刷两遍防潮膜，即可隔断地下水上溯的毛细管道，有效防止地板受潮。

（2）基膜优点。

1）专业防潮膜是由水性高科技材料研制而成，对人体无害，无不良气体挥发。

图6-9 基膜（1）

2）比起使用传统的油性醇酸清漆来说，有效地保护了室内环境，并比油性醇酸清漆使用寿命延长3～5倍。

3）防潮膜更采用了弹性分子材料，还能在墙体出现微裂缝的情况下，有效保护墙面。

2. 壁纸胶

壁纸胶是一种用来粘住墙纸的粘胶制品，保证墙纸的粘贴性和使用寿命是基本功能，同时还要求产品环保无害。

（1）壁纸胶的种类。

1）糯米胶。糯米胶是目前性价比比较高的一款壁纸胶，广泛用于家庭墙纸铺贴（见图6-11和图6-12）。优质糯米胶通过欧盟环保检测，达到可食用级别。兑水即可使用且黏度高，施工便利。适用于各种墙纸及墙布，尤其适用于粘贴金属特殊墙纸。

2）功能胶。主要包括防霉胶、柏宁胶等。能够针对性解决墙纸施工难题。环保性也达到国家绿色十环认证。并且无需兑水，可直接使用。

3）胶粉。胶粉一般用于工程墙纸铺贴（见图6-13和图6-14）。环保度较高，但是调配复杂，比例不好掌握。

（2）后期检查。

1）壁纸接缝是否对齐，翘边（见图6-15）。

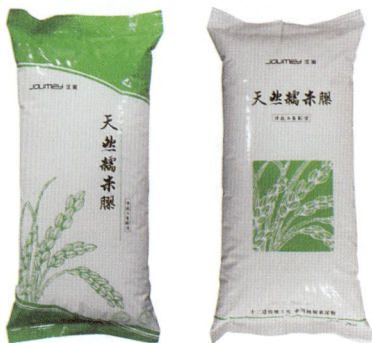
图6-11 糯米胶（1）

图6-12 糯米胶（2）

图6-13 胶粉（1）

图6-14 胶粉（2）

2）壁纸里面是否有气泡。

3）壁纸是否起褶痕（见图6-16）。

（3）后期补救。

1）接缝松开。用刀子挑起接缝，从细缝注入胶水，用刮板刮平整，擦去多余胶水。

2）气泡。用美工刀切开，在开口处注入胶水，用适扳到平整，擦去多余胶水。

3）起褶痕。用美工刀切开褶痕，加上胶水，用滚子滚平整。

图6-15　壁纸接缝

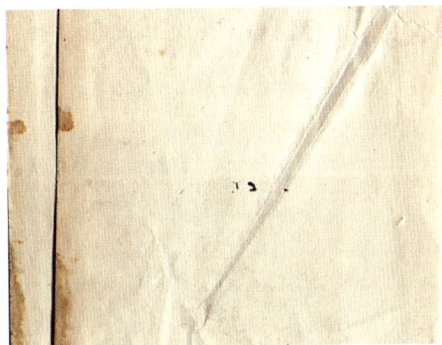

图6-16　褶痕

小安给你来总结

壁纸

壁纸价格较高，尤其是购买大型花纹、图案壁纸进行装修，须认证计算壁纸的用量。多数壁纸产品都是按卷进行销售，常规壁纸每卷宽度为520mm与750mm两种，此外还有特殊壁纸需另外计算。每卷壁纸的长度一般为10m或20m。

壁纸用量计算方法为：（房间周长×房间高度－门窗、家具面积）÷每卷铺装的平米数×损耗率，一般标准壁纸每卷可铺装5.2m²，损耗率一般为3%～10%。

损耗率的高低与壁纸的花纹大小、壁纸宽度有关，碎花浅色壁纸损耗率较低，为3%，大型图案壁纸耗率较高，为10%。

壁布

天然材料织成的壁布，因其质地柔软，风格古朴自然，具有浓厚的生活气息，因而较适合用于卧室装饰（见图6-17和图6-18）。但要注意选择暖色系，且花纹简单、色泽纯净的款式，这样可以令卧室更显温暖，给人以安全感，有助于人们松弛紧绷了一天的神经，营造一个舒适的休养生息的氛围。

一些具有良好吸声、隔声性能的壁布，则较适合铺装在需要安静的书房。书房是人们沉静思绪，激发创作灵感的空间，因而较适宜铺装冷色调，且花纹简单，线条舒缓的壁布，一方面可以避免眩光的发生，另一方面还可以起到静音的效果。

怎样测算壁布的使用数量

1）一般的估算是按照房间地面使用面积的2.5～3.5倍计算。

2）也可以请专人实地测量。

贴完壁布后需要注意几个问题:

1）刚刚铺装壁布以后的房间应该关闭门窗，阴干处理。因为刚铺完的壁布的房间立刻通风会导致壁布翘边和起鼓。

2）待壁布铺装结束3天后应该用潮湿的毛巾轻轻擦去壁布接缝处残留的壁布胶。

3）壁布比较耐擦洗，但是不耐钝物的磕碰，如果发现小处的表面的破损，可用颜色近似的颜料或油漆补救。

4）非凹凸壁布，平日只需用鸡毛掸子清洁即可。

基膜

1）施工面积一般应为：每升原液可兑水60%～80%，施工面积约为20～25m^2。

2）运输及储存。本产品按非危险品储存及运输。储存条件：0～40℃，放于干燥室内。

图6-17 卧室壁布（1）

图6-18 卧室壁布（2）

6.2 窗帘

小安谈家装

家装中需要安装窗帘的地方还是比较多的，所以我们选购窗帘时不要只注重功能性与美观性，最好选择比较容易清洗的布料。而且窗帘价格跨度比较大，一定要多比较，理性选购。

窗帘是用布、竹、苇、麻、纱、塑料、金属材料等制作的遮蔽窗户或调节室内光照的帘子。随着窗帘的发展，它已成为家居装修不可缺少的室内装饰品（见图6-19和图6-20）。窗帘的作用是与外界隔开，保持家居空间的私密性，既可以减光、遮光，满足人对光线不同强度的需求，又可以防风、除尘、隔热、保暖、消声、防辐射，改善起居环境。

6.2.1 窗帘面料

帘布的面料有纯棉、麻、涤纶、真丝，也可由集中原料混织而成。棉质面料质地柔软、手感好；麻质面料垂感好，肌理感强；真丝面料高贵、华丽，它是100%由天然蚕丝织成。其特点为自然、粗犷、飘逸、层次感强；涤纶面料挺括、色泽鲜明、不褪色、不缩水。

1. 窗帘的选购

（1）不同风格、材质的家具宜配用不同质地或品种的窗帘。古典实木家具，最宜用提花布、色织布相配，植物、花卉、鱼虫图案是其不变的主题。两者轻重相伴、刚柔相济、沉稳凝练又不失高雅大气。板式家具更宜用质地轻薄、色泽明亮的印花布，充分调动线条、色块及几何图形的视觉感受，绘成生动浪漫又简洁明快的现代生活图景。

图6-19 窗帘（1）

图6-20 窗帘（2）

而现代家具的选择范围更广，真丝、具金属光泽的布艺帘，自是首选。

（2）与房间功能。在选择窗帘的质地时，首先应考虑房间的功能，如浴室、厨房就要选择实用性比较强且容易洗涤的布料，该布料要经得住蒸汽和油脂的污染，风格简单流畅。客厅、餐厅可以选择豪华、优美的面料。卧室的窗帘要求厚重、温馨、安全。书房窗帘则要求透光性能好、明亮，采用淡雅的颜色。

另外，布料的选择还取决于房间对光线的需求量，光线充足，可以选择薄纱、薄棉或丝质的布料；房间光线过于充足，就应当选择稍厚的羊毛混纺或织锦缎来做窗帘，以抵挡强光照射；房间对光线的要求不是十分严格，一般选用素面印花棉质或者麻质布料为宜。

（3）应配合季节。选购窗帘色彩、质料，应配合季节的不同特点。夏季用质料轻薄、透明柔软的纱或绸，以浅色为佳。冬天宜用质地厚、细密的绒布，颜色暖重，以突出厚密温暖。春秋季用厚料冰丝、花布、仿真丝等为主，色泽以中色为宜。而花布窗帘，活泼明快，四季皆宜。

2. 窗帘的价格

各种窗帘布的价格跨度比较大，国产材料与进口材料可能会相差几十倍，像全棉的印花窗帘布宽幅的零售价一般在60～70元/m；麻料普通型在70～80元/m，好一点的要100元/m以上；人造丝的面料价格为60～200元/m不等；而窗纱的价格跨度也很大，从10～100元/m都有。进口窗帘布的价格一般均在100元/m上，那些精品价格更在二三百元以上。

6.2.2 窗帘杆

窗帘杆，材料以金属和木质为主（见图6-21和图6-22）。材质不同，风格有异。铁艺杆头的艺术窗帘杆，搭配丝质或纱质的装饰布，用在卧室中，有刚柔反差强烈的对比美；而木质雕琢杆头，给人以温润的饱满感。采用范围和搭配风格不太受限制，适用于各种功能的居室。

1. 窗帘杆的种类

（1）明杆。就是可以看到杆子颜色和装饰头造型的窗帘杆。因为它符合现代社会中"轻装修，重装饰"的流行趋势，正被越来越多的家庭所欢迎和接受。

（2）暗杆。暗杆与明杆相反，往往

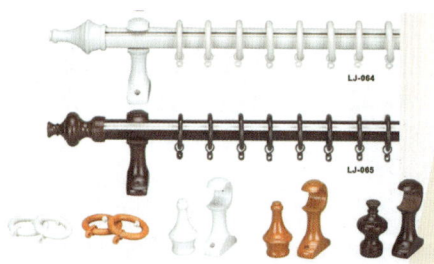
图6-21 窗帘杆（1）

图6-22 窗帘杆（2）

放在窗帘盒中，人们轻易看不到杆子本身。这种装修方式已经越来越落伍，正在逐渐被时代所淘汰。

2. 窗帘杆的选购

在选购窗帘杆时最好选购多了一道槽的，可以减少噪声，原来的窗帘杆一拉就有嘈杂声，有了这道槽，就更加人性化了。

6.2.3 滑轨

窗帘滑轨由滑轨、固定端构成，其特征在于其滑轨截面为凹凸形，其固定端为凹形槽，与滑轨固定连接，下端设置吊环（见图6-23和图6-24）。

窗帘滑轨常见的有两种：

（1）使用比较广泛的是比较直的那种轨道，安装也比较简单。首先根据窗户大小把轨道的尺寸裁好，然后用螺丝以及配件将轨道固定在顶上，最后将那些小钩钩都装在需要安装的窗帘轨道上面，一般根据布带上面的纱钩数量来确定。

（2）还有一种可以折弯的轨道，因为有的窗户是带拐角的，那样的话就建议使用弯轨（见图6-25）。安装方法基本与上一种是一样的，不过中间要多用几个支架，特别是那种较厚的布艺窗帘，以防脱落，但是到了冬天的时候，这种可以折弯的窗帘轨道在折的时候要小心，以防折断。以上提到的两种窗帘滑轨安装步骤其实是一样的，只是轨道形态不太一样罢了。

窗帘滑轨的配件：固定件、滑轮、膨胀螺丝或自攻螺丝、封口堵（见图6-26）。

图6-23 窗帘滑轨

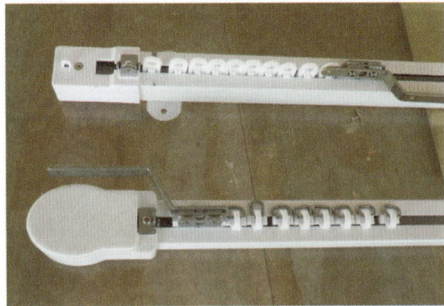

图6-24 电动窗帘滑轨

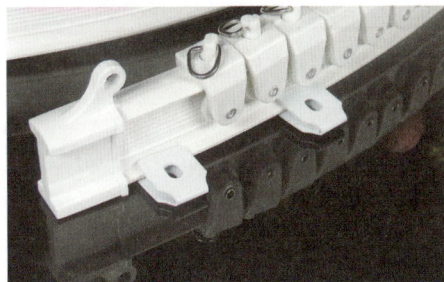

图6-25 弯轨轨道

图6-26 滑轮

客厅是家庭成员的公共活动区域，对于隐私要求较低，大部分客厅都将窗帘拉开，多数情况下窗帘处于装饰状态。而对于卧室、卫生间等区域，要求连影子都看不到。因此，客厅会选择偏透明的窗帘，而卧室、卫生间则选用质地较厚的窗帘。

6.3 地毯

地毯一开始只是为了铺地，使住宅比较温暖以及作为一个可以坐卧的休息区。但是现在很多住户选择地毯是为了使住宅更加高贵华丽，起到一种装饰作用。所以我们选购地毯时要根据需求来选择不同特性的地毯。

地毯是以棉、麻、毛、丝、草等天然纤维或化学合成纤维为原料，经手工或机械工艺进行编结、栽绒或纺织而成的地面铺装材料。广义上的地毯还包括铺垫、坐垫、壁挂、帐幕、鞍褥、门帘、台毯等。

6.3.1 纯毛地毯

1. 纯毛地毯的优点

纯毛地毯具有图案精美，色泽典雅，不易老化、褪色的特点，并具有吸声、保暖、脚感舒适等特点，它属于高档地面装饰材料（见图6-27和图6-28）。

纯羊毛地毯主要原料为粗绵羊毛，毛质细密，弹性较好，受压后能很快恢复原状。它采用天然纤维，不带静电，不易吸尘土，还具有一定阻燃性。

2. 纯毛地毯的缺点

纯毛地毯优点甚多，但是它属于天然材料产品，抗潮湿性相对较差，而且容易发霉、虫蛀，影响地毯外观，缩短使用寿命。

3. 纯毛地毯种类

（1）手工编织地毯。手工编织的

图6-27 纯毛地毯（1）

图6-28 纯毛地毯（2）

纯毛地毯是我国传统纯毛地毯中的高档品，它采用优质绵羊毛纺纱，经过染色后织成图案，再以专用机械平整毯面，最后洗出丝光。手工编织纯毛地毯具有图案优美、色泽鲜艳、富丽堂皇、质地厚实、富有弹性、柔软舒适、保温隔热、吸声隔声、经久耐用等特点。

（2）机织纯毛地毯。机织纯毛地毯是现代工业发展起来的新品种，机织纯毛地毯具有毯面平整、光泽好、富有弹性、脚感柔软、抗磨耐用等特点，其性能与纯毛手工地毯相似，但价格远低于手工地毯，其回弹性、抗静电、抗老化、耐燃性等都优于化纤地毯。

6.3.2 化纤地毯

化纤地毯的出现是为了弥补纯毛地毯价格高、易磨损的缺陷（见图6-29和图6-30）。

1. 化纤地毯的种类

化纤地毯的种类较多，主要有尼龙、锦纶、腈纶、丙纶、涤纶等材质。化纤地毯中的锦纶地毯耐磨性好、易清洗、不腐蚀、不虫蛀、不霉变，但易变形，易产生静电，遇火会局部熔解。腈纶地毯柔软、保暖、弹性好，在低伸长范围内的弹性恢复力接近于羊毛地毯，但比羊毛质轻、不霉变、不腐蚀、不虫蛀。缺点是耐磨性

图6-29 化纤地毯（1）

图6-30 化纤地毯（2）

差。丙纶地毯质轻、弹性好、强度高、原料丰富、生产成本低。涤纶地毯耐磨性仅次于锦纶地毯，耐热、耐晒、不霉变、不虫蛀，但染色困难。

2. 化纤地毯的用途

化纤地毯相对纯毛地毯而言，比较粗糙，质地硬，一般用在走道、客厅、餐厅、书房等空间，价格很低，尤其放在书房的办公桌下，能减少转椅滑轮与地面的摩擦。

3. 化纤地毯的鉴别

选购时应注意观察地毯的绒头密度，可用手去触摸地毯。产品的绒头质量高，毯面就丰满，这样的地毯弹性好、耐踩踏、耐磨损、舒适耐用，注意观察毯背是否有脱衬、渗胶等现象。

6.3.3　混纺地毯

混纺地毯是以纯毛纤维与各种合成纤维混纺而成的地毯。因掺有合成纤维，所以价格较低，但使用性能有所提高。例如，在羊毛纤维中加入20%的尼龙纤维混纺后，可使地毯的耐磨性提高

5倍。

1. 混纺地毯的用途

在家居装修运用中，混纺地毯的性价比最高，色彩及样式繁多，既耐磨又柔软，在室内空间如书房、客卧室、棋牌室等可以大面积铺设，但是日常维护比较麻烦。

2. 混纺地毯的优点

混纺地毯在图案花色、质地、手感等方面与纯毛地毯相差无几，装饰性能不亚于纯毛地毯，并且价格比纯毛地毯低（见图6-31和图6-32）。

3. 混纺地毯的种类

混纺地毯的品种极多，常以毛纤维与其他合成纤维混纺制成，例如，以80%的羊毛纤维与20%的尼龙纤维混纺，或以70%的羊毛纤维与30%的烯丙酸纤维混纺。混纺地毯价格适中，同时还克服了纯毛地毯不耐虫蛀和易腐蚀等缺点，在弹性与舒适度上又优于化纤地毯。

6.3.4　剑麻地毯

剑麻地毯属于植物纤维地毯，它是

图6-31　混纺地毯（1）

图6-32　混纺地毯（2）

以剑麻纤维为原料，经纺纱编织、涂胶及硫化等工序制成，产品分素色与染色两种，有斜纹、鱼骨纹、帆布平纹等多种花色（见图6-33和图6-34）。

剑麻地毯纤维是从龙舌兰植物叶片中抽取的，易于纺织，色泽洁白，质地坚韧，强力大，耐酸碱，耐腐蚀，不易打滑。剑麻地毯是一种全天然的产品，含水分，可随环境变化而吸湿或放出水分来调节湿度及空气温度。剑麻地毯还具有节能、可降解、防虫蛀、阻燃、防静电、高弹性、吸声、隔热、耐磨损等优点。剑麻地毯与羊毛地毯相比更为经济实用，但是，剑麻地毯的弹性与其他地毯相比，稍微逊色，手感也较粗糙。剑麻地毯在使用中要避免与明火接触，否则容易燃烧。

6.3.5 万能胶

万能胶又称108胶，为无色透明液体，易溶于水。在建筑工程上有广泛应用，如粘接瓷砖、壁纸、外墙饰面等。新型优质产品具有以下特点：涂胶容易、固化较快、初粘力大、牢固耐久、气味小，正确使用不影响人体健康。

万能胶有如下种类：

（1）氯丁无苯阻燃万能胶（见图6-35）。是一种应用于建筑装饰行业的万能胶。它具有以下优点：

1）使用性能好，在-22～25℃情况下不冻结、气味小、涂刷省力、粘结力强、快干省时、无苯毒、阻燃。

2）粘接范围广泛，适用于各种板材、防火板及金属板，还可渗透到皮革、橡胶、塑料等行业。此类胶水抗老化性比一般的万能胶都要好。

（2）环保型喷刷万能胶（见图6-36）。该万能胶无毒环保，黏度低，能用喷枪喷涂，省胶且大大提高了施工效率。

（3）溶剂油型无苯毒快干万能胶（见图6-37）。它是无苯毒、无卤烃类的黏合剂。符合国家要求标准，不怕水泡，耐酸、碱，粘结强度很高，干得快，节省施工工时，可做印刷附膜胶。

（4）特级万能胶（见图6-38）。属万能胶中的绿色产品，是一种无苯低毒万能胶。

图6-33 剑麻地毯（1）

图6-34 剑麻地毯（2）

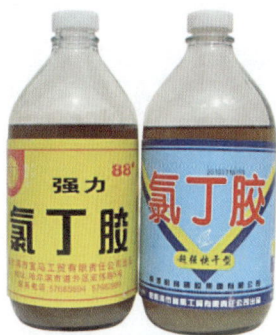

图6-35 氯丁无苯万能胶

图6-36 环保型喷刷万能胶

图6-37 溶剂油型无苯毒快干万能胶

图6-38 特级万能胶

（5）水性防腐万能胶（见图6-39）。具有防腐蚀功能，可用水调和。

（6）环保型建筑防水万能胶（见图6-40）。是一种绿色环保型强力建筑防水多功能胶。具有无毒害，生产无三废，粘结力强，极佳的防水性和渗透性，快干，易施工，价廉实惠等优点。

6.3.6 倒刺板

对倒刺板不同地方可能有不同的叫法，一般称倒刺钉板条。因为它是条状的，所以也有人称它钉条，即有钉子的木板条（见图6-41和图6-42）。

根据不同的毯子和不同的铺设场合，倒刺板可以有很多规格。一般是1200mm×24mm×6mm。它是由三合板裁成条，再在其上斜向钉两排钉（间距为35～40mm），再在相反的一面钉若干个高强水泥钢钉，均匀分布在整个木条上（水泥钢钉间距约400mm左右，距两端各约100mm左右）制成的。这样就可以把钉条钉到水泥地上，并使有斜钉的一面朝上，且钉尖是向墙面指向的，也就是不要指向地面，最后，再在其上铺设地毯，也就是将地毯挂在钉上，这样地毯就不会倒翻、卷边、起皱和移位了。

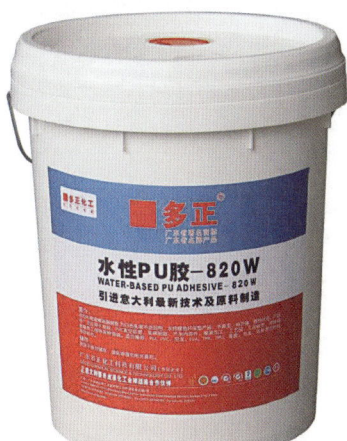
图6-39　水性防腐万能胶

图6-40　环保型建筑防水万能胶

图6-41　倒刺板

图6-42　倒刺条

第6章　壁纸窗帘地毯样样通

小安给你来总结

万能胶

万能胶应储存在阴凉、干爽且远离儿童的地方。勿让阳光直接照射、气温过高、密封性不好或长时间暴露，溶液挥发后将造成黏度过大，无法施工。可用甲苯、醋酸乙酯、丁酮或丙酮冲稀，能搅拌均匀、继续使用。

（1）去除方法。用家用电吹风机吹一会儿，软了以后撕下来，然后用干布蘸上小苏打水擦干净。

（2）去除胶纸撕去后留下的污垢。

1）用酒精。用纸巾蘸一些酒精（最好用工业酒精，医用的也凑合）擦拭，再蹭几下就干净了。

2）用丙酮。方法同a。优点是用量少而且彻底，最出色的是它能极迅速极容易地去掉这些残留的胶质，比酒精更好使。

145

以上这两种都是溶剂，也是所有方法中效果最佳的。

3）用洗甲水。用法也跟酒精、丙酮一样，效果也很不错。洗甲水不要求质量，好的或一般的都行，只要能洗掉指甲油就可以。

4）用护手霜。先把表面的印制品撕掉，然后再把护手霜挤一些在上面，慢慢地用大拇指搓，搓一会儿就能把粘留的残胶都搓下来。就是会慢一点儿。护手霜属于油脂类物质，其性质与胶类不相容。除胶就是用它这个特性。

5）用香蕉水（即天那水）。即一种用来清除油漆的工业用剂，也很容易买到。方法也跟酒精、丙酮一样。

第7章　地板雾里看花有秘籍

人类使用天然木材铺设地面已经有几千年的历史了。最初是以木质建筑、木质家具为身体的平托物，后来发现在众多的材料中，只有木材的导热性适合人体体温，并且木材方便开采、加工，于是以木材为主的地面铺设材料诞生了。在今天的工业技术中，地面铺设材料主要以木材为主，涵盖的成熟产品很多，主要分为实木地板、实木复合地板、强化复合木地板、竹木地板等。各种类型地板的性能需要正确认识。

关键词：材质　功能　保养

7.1 实木地板

实木地板是由木材不拼接，加工而成的。脚感比较好，色调自然、木纹清晰。如果地板颜色比较深就要慎重，厂家可能是为了掩饰地板的缺陷故意涂刷了比较厚的涂料。

实木地板是采用天然木材，经过加工处理后制成的条板或块状的地面铺设材料（见图7-1和图7-2）。实木地板对树种要求较高，档次也由树种拉开。地板用材一般以阔叶材为多，档次也较高；针叶材较少，档次也较低。

图7-1 实木地板铺设

图7-2 实木地板展示

7.1.1 松木地板

松木家具主要材料为森林覆盖率高的针叶林种，具有先天的价格优势，而加工方式不同松木地板的分类也不同。

1. 松木地板的优点

（1）环保美观（见图7-3）。松木地板相对其他地板来说会更环保时尚，尤其是目前很多经过油漆喷涂过的地板含甲醛量都是极高的。由于松木地板弹性和透气性强，即使是涂了油漆的松木地板，甲醛的含量也会大大低于其他的地板。而不经过油漆喷涂的松木地板，保留了原来的特点、自然的纹路，无污染。

图7-3 松木地板（1）

图7-4　松木地板（2）

图7-5　变色松木地板

图7-6　受潮松木地板

（2）设计简约时尚（见图7-4）。松木具有清晰简单的原木纹路，原木的色调让人赏心悦目，松木质感突出，这也是很多田园风格爱好者选择它的原因之一。

（3）导热性好，保养简单。平时经常用软布顺着木纹的纹理为地板去尘即可。

（4）易于运输。采用可拆装结构的松木地板，运输极为方便。

2. 松木地板的缺点

（1）松木地板不耐晒，日照易变色（见图7-5）。由于松木本身的特性，含水量高、质地软，所以没有其他实木那般牢固，比较容易出现开裂和变形。不经油漆加工的松木自然朴素、清新亮丽，但同时也存在着一个令人担忧的缺点：如果忽略了对松木地板的保养，经过暴晒后松木地板会出现变色而影响其天然的美观。

（2）松木地板不防潮，受潮易变色（见图7-6）。在南方回南天的时期里，最容易看出松木地板的缺点了。松木地板在潮湿的天气里容易出现变色。

（3）涂过油漆的松木地板也易变色。为了迎合现代家居的装饰特点，不少厂家在松木地板的基础上进行油漆喷涂等加工，通过这样的方式掩盖了松木本身的一些缺点，但也失去了松木地板自然的美感。

（4）松木地板有异味。当松木的松油脱油不完全时会导致制成的松木地板有异味。

7.1.2　橡木地板

橡木，又称柞木、栎木，橡木地板是橡木经刨切加工后制成的实木地板或实木多层地板（见图7-7和图7-8）。橡木是很受人喜欢的树种，纹理交错，结构中等，木材重而硬，强度及韧性高，稳定性佳。橡木有美丽的天然纹理，制成地板产品后

图7-7 橡木地板（1）

图7-8 橡木地板（2）

装饰性强，可搭配各种风格的装修。

橡木地板的鉴别选购技巧如下：

（1）购买和铺设最好是由同一单位负责。优质的实木地板和实木复合地板产品，厂家一般会拥有专业的铺装团队或者专业的铺装指南来保证售出的产品铺装服务。如果消费者遇到销售与铺装不是同一家单位的时候，就要小心了，如果以后地板出现问题，这个很可能引起两方相互推脱责任，从而造成消费者利益无法得到保障。所以消费者要力争销售与铺装为同一单位。

（2）不要过分地追求纹理一致（见图7-9）。橡木地板是天然的木制品，树

木由于种植的地点不同、阳光补充不同等因素，木材的颜色也不大相同。就算是同一木材剖锯下来的板材，根据其位置不同、颜色深浅程度不同，纹理也不会有一致的，所以有时候难免会存在色差和不均衡现象，这都是非常正常的。消费者购买时也不要吹毛求疵，不必过分地要求纹理颜色一致。

（3）安装时加铺木芯板（见图7-10）。为了追求脚感，很多木地板上都加上了一层木芯板，实际上这些大芯板的质量是存在着差异的，劣质的会影响橡木地板的铺装质量。所以，如果非要要求好的脚感，就要选市场上名牌的木

图7-9 纹理不一致橡木地板

图7-10 加铺木芯板

芯板产品。高仿的产品太多,大家一定要认准厂家和品牌认证、资质认证,避免上当受骗。

7.1.3 柚木地板

柚木被誉为"万木之王",是世界公认的最好的地板木材(见图7-11和图7-12)。全世界以缅甸柚木为上品。柚木是唯一可经海水浸蚀和阳光暴晒而不会发生弯曲和开裂的木材。

1. 柚木地板的优点

(1)富含铁质和油质。能驱蛇、虫、鼠、蚁。

(2)稳定性好。经专业干燥处理后,尺寸稳定,是所有木材中干缩湿胀变形最小的。

(3)极耐磨。具有防潮、防腐、防虫蛀、防酸碱的鲜明特点。

(4)高贵的色泽,极富装饰效果。

(5)弹性好。脚感舒适,是实木地板中的极品。

(6)特有的醇香。对人的神经系统起镇静作用。

2. 柚木地板的鉴别

(1)看纹理(见图7-13)。真柚木地板有明显的墨线和油斑,假柚木地板或无墨线或墨线浅而散。

(2)亲手摸(见图7-14)。真柚木地板摸上去滑滑的,手感十分细腻,仿佛被油浸泡过,假柚木地板则明显很粗糙。

(3)闻气味(见图7-15)。真柚木地板散发一种特殊的香味,如果柚木量

图7-11 柚木地板(1)

图7-12 柚木地板(2)

图7-13 看纹理

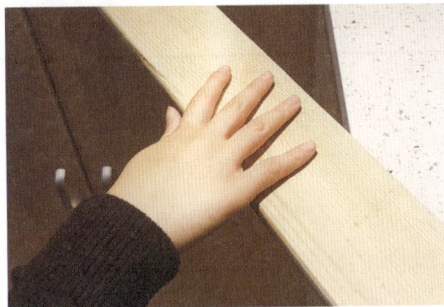

图7-14 触摸板面

图7-15　闻气味

图7-16　水测试

大甚至整个展厅全部是柚木的话，走进去就能闻到这种香味，此香味闻到令人很舒服，假柚木地板要么无香味，要么有难闻的气味。

（4）掂重量。真柚木地板纤密度为 $0.67 \sim 0.73 g/cm^3$，比花梨木轻，但比铁杉重，假柚木地板则普遍偏重。

（5）水测试（见图7-16）。滴一滴水在柚木地板的无漆处，真柚木地板上的水呈珠状分布不会渗入；而假柚木地板上的水则会或快或慢渗入，柚木地板富含油质，水和油是不相溶的，所以真柚木地板上的水不被吸收而成珠状分布。用纸巾擦干水渍的时候，会发现真柚木地板上的水由于不会渗入且板面有油性光滑，很快就擦干了，且不留痕迹，而假柚木地板由于水已经渗入且表面粗糙，水渍擦不干，并有纸屑。

（6）看锯末。在地板安装环节比较好辨认，真柚木地板的锯末有很重的油质，用手捏时有软乎乎的感觉，而假柚木地板的锯末则干燥松散。

（7）水浸泡。将地板放入水中浸泡

24小时后观察其变化，无任何变化的为真柚木地板；若发生扭曲、膨胀等变形现象则为假柚木地板。

（8）火燃烧。带破坏性的试验，一般店面都有柚木地板的小样，取一小块干燥的地板进行燃烧，真柚木地板散发的烟雾浓且大，而假柚木地板则少。

（9）好坏鉴别。柚木特有的铁质、油质和香味的丰富程度是判断柚木地板好坏的关键标准。柚木的油性越足，铁质越丰富，纤维越密，香味越浓，柚木地板的质地就越好。这些特性通常取决于产地、树龄、取材部位和制造工艺等。

7.1.4　蚁木地板

蚁木地板木材光泽度好，无特殊气味，纹理通常不规则，直至深交错，结构细至中，略均匀，有油性感（见图7-17和图7-18）。蚁木约有30种商品材，主要分为重蚁木、红蚁木和白蚁木3类。

1. 蚁木地板的优点

（1）稳定性颇良。木材重，耐磨；

图7-17　蚁木地板（1）

图7-18　蚁木地板（2）

抗压强度高。

（2）耐腐蚀甚至能抗白蚁及蠹虫危害，不抗海生钻木动物危害；防腐剂浸注困难，适合采用真空加压或浸渍法。

（3）旋切性能好。刨面平滑，用腻子或其他填充剂后，涂饰性良好。

（4）抛光和胶粘性好。由于木材在使用中受大气湿度的影响一次比一次减小，特别是胀缩率小的蚁木地板，在铺装时宜紧拼，否则板间会有观感不良的缝隙。

2．蚁木地板的缺点

（1）容易干燥。铺装速度快时，则有开裂和变形。加工困难，因木材重硬，锯刨刃口易钝，宜用合金钢锯片。纵锯时如材料过厚，锯条发热；横锯时震动很大，锯条常常断裂。

（2）锯刨时产生的黄色锯屑飞尘是似硫状、有刺激性的，有可引起皮炎的黄色粉末物。

3．蚁木地板的用途

蚁木地板材质硬，耐磨、抗压抗弯强度高、材色悦目、纹理诱人。适宜制作普通、拼花和承重地板及细木工制品、枕木（见图7-19和图7-20）。也很适宜制作装饰单板。

7.1.5　防腐木地板

防腐木地板是指将木材经过特殊防腐处理的木地板。一般是将防腐剂经真空加压压入木材，然后经200℃左右高温处理，使其具有防腐烂、防白蚁、防真菌的功效。

1．防腐木地板的优点

（1）我国防腐木的主要原材料是樟子松，樟子松树质细、纹理直，经过防腐处理后，能够有效地防止霉菌、白

图7-19　蚁木单板

图7-20　蚁木工艺品

蚁、微生物的侵蚀，抑制木材含水率的变化，减少木材的开裂程度。

（2）还有一种不经防腐剂处理的防腐木，被称为深度炭化木，又称热处理木。炭化木是将木材的有效营养成分炭化，通过切断腐朽菌生存的营养链进而达到防腐的目的。是一种真正的绿色环保材料。

（3）防腐木的颜色一般呈黄绿色、蜂蜜色或褐色，易于上涂料及着色，根据设计要求，可以达到美轮美奂的效果。因此，防腐木能够满足各种设计的要求，用于各种庭院构造。防腐木的亲水效果尤为显著，能在各种户外气候环境中使用15～50年（见图7-21和图7-22）。

2. 防腐木地板的用途

主要用于庭院施工，是家居阳台、庭院等户外木地板、木栈道及其他木质构造的首选材料。

7.1.6 踢脚线

踢脚线，顾名思义就是脚踢得着的墙面区域，所以易受冲击。在居室设计中，阴角线、腰线、踢脚线起着平衡视觉的作用，利用它们的线形感觉及材质、色彩等在室内相互呼应，可以达到较好的美化、装饰效果。

1. 踢脚线的种类

（1）木踢脚线（见图7-23）。有实木和密度板两种踢脚线，实木的非常少见，成本较高，效果较好，安装时要注意气候变化引起的日后起拱现象。

（2）PVC踢脚线（见图7-24）。它

图7-21 防腐木花架

图7-22 防腐木地板

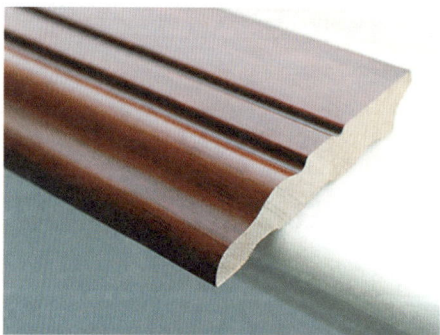

图7-23 木踢脚线

图7-24 PVC踢脚线

是木踢脚的便宜替代品，外观一般模仿木踢脚，用贴皮呈现出木纹或者油漆的效果，价格便宜，但贴皮层可能脱落，而且视觉效果也较木踢脚差。

（3）不锈钢踢脚线（见图7-25和图7-26）。成本非常高，安装也比较复杂，但经久耐用，几乎没有任何维护的麻烦，但一般只适用于一些现代风格的装修中。白色、黄色、墨绿色混油和金属搭配，不锈钢踢脚线或铝质的踢脚线，已成为这种时尚装修的一部分。

（4）瓷砖或石材踢脚线（见图7-27）。比较耐用，但一般适合于墙面也使用石材或瓷砖的房间。

（5）PS高分子踢脚线（见图7-28）。替代实木踢脚线和不锈钢及其石材踢脚线

等，本质上是用塑料高分子为主要材质，表面使用木色或者大理石纹理来装饰；优点是防水、耐磨、表面处理档次高；成本高于PVC和密度板踢脚线。

（6）木塑踢脚线。是国内当前蓬勃兴起的一类新型复合材料。是用聚乙烯、聚丙烯和聚氯乙烯等，代替通常的树脂胶粘剂，与木粉混合成新的木质材料，再经挤压加工工艺而产出的。主要用于替代实木踢脚线和PVC踢脚线。

（7）人造石踢脚线。人造石制造技术一直在进步，根据添加色糊和颗粒的不同，从浅色至深色，从素色到含有颗粒的花色，市场上都能见到。由于人造石的物理和化学特性，数米长的石材踢脚线在现场施工能做到无缝拼接，没有疤痕印记，

图7-25　不锈钢踢脚线

图7-26　铝合金踢脚线

图7-27　瓷砖踢脚线

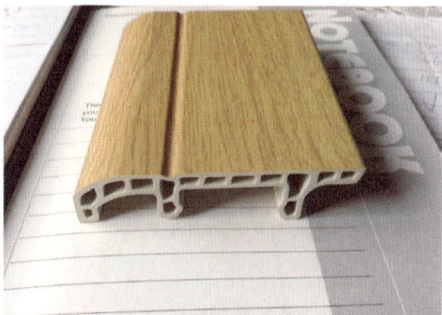

图7-28　PS高分子踢脚线

眼光所到之处都是光滑的曲线。施工工艺也不复杂，只要选购好踢脚线的花色品种和长度后，由专业人员上门拼接即可。据悉，人造石踢脚线的原料主要是天然石粉聚酯树脂、颜料和氢氧化铝，因此不必担心人造石踢脚线的放射性。

（8）玻璃踢脚线。以玻璃为主材料，经切割，精细打磨，表面喷涂优质的进口纳米材料。具有晶莹剔透的特性，是装饰品的极佳选择，但玻璃踢脚线易碎，用在踢脚线上则有些不安全，尤其是有老人和孩子的家庭。因此，玻璃踢脚线只为那些极重装饰的家庭所挚爱。

2. 踢脚线的优点

（1）做踢脚线可以更好地使墙体和地面之间牢固结合，减少墙体变形，避免外力碰撞造成破坏。

（2）踢脚线也比较容易擦洗，如果拖地溅上脏水，擦洗非常方便。

（3）踢脚线除了它本身的保护墙面的功能之外，在家居美观上也占有相当比例。它是地面的轮廓线，视线经常会很自然地落在上面，一般装修中踢脚线出墙厚度为50～120mm。

7.1.7　地板钉

地板钉主要用于实木地板与木龙骨之间的连接，有美固高级地板防松钉和麻花地板钉两种。

1. 地板钉的种类

（1）美固高级地板防松钉（见图7-29）。美固高级地板防松钉从原理上属于螺钉类，使用上是作为普通麻花地板钉中1.5英寸、2英寸、2.5英寸三个型号的替代产品。它具有安装便利而且防松效果更佳的特点。配合"美固钉"是作为解决地板安装踩踏有声响问题的最佳组合方案。

（2）麻花钉。麻花钉是装潢紧固件的传统产品（见图7-30）。其应用更为广泛，在敲击式膨胀钉及防松地板钉面世以前，麻花钉是安装地板木龙骨和地板的主要紧固件。同时还被广泛用于户外木结构、木质家具的安装固定。产品型号有1.5英寸、2英寸、2.5英寸、3英

图7-29　美固高级地板防松钉

图7-30　麻花钉

寸、3.5英寸、4英寸等几种。

2. 地板钉的优点

（1）经淬火处理，折弯不易断裂，便于安装。

（2）锯齿螺纹使安装牢固程度远远强于传统麻花地板钉。

（3）头部带十字槽，便于必要时方便拆卸。

（4）头部尺寸小，埋入地板不易开裂。

小安给你来总结

踢脚线

其中，对于陶瓷踢脚线来说又分为釉面砖踢脚线和玻化砖踢脚线。如果选择陶瓷材质的踢脚线，一般建议选择和地砖材质一样的踢脚线为宜，如选择的是仿古砖的话，可以考虑釉面的踢脚线，如果是玻化砖，可以考虑玻化砖踢脚线，PS高分子则广泛用作实木和石材踢脚线的替代品，主打高端效果和中等价位。

对于瓷砖踢脚线的颜色选择，主要有两种方式：一种是接近法，另一种是反差法。接近法就是所选择踢脚线的颜色和地砖颜色一致或者接近，反差法就是所选择的踢脚线的颜色和地砖的颜色形成反差。

一般来说，对于浅色的地砖，不建议选择浅色的踢脚线，建议选择中性的咖啡色的踢脚线。

7.2 复合地板

小安谈家装

在挑选复合地板时，一定要确保主要指标合格，避免上当受骗。很多指标都有国家规定的标准。包括耐磨性、甲醛释放量、吸水厚度膨胀率等。

复合地板是地板的一种，但复合地板是被人为改变地板材料的天然结构，达到性能符合预期要求的一种地板。复合地板不仅具有一般实木地板的优点，相比天然的实木地

板，耐磨度更好，价格也可能更便宜。

7.2.1 实木复合地板

实木复合地板是利用珍贵木材或木材中的优质部分以及其他装饰性强的材料作表层，材质较差或成本低廉的竹、木材料作中层或底层，经高温、高压制成的多层结构的地板（见图7-31）。实木复合地板不仅充分利用了优质材料，提高了制品的装饰性，而且所采用的加工工艺也不同程度地提高了产品的力学性能。

1. 实木复合地板的规格与价格

现代实木复合地板主要以3层为主，采用3层不同的木材黏合而成，表层使用硬质木材，如榉木、桦木、柞木、樱桃木、水曲柳等，中间层与底层使用软质木材或纤维板（见图7-32）。实木复合地板主要是以实木为原料制成的，实木复合地板的规格与实木地板相当，有的产品规格可能会大些，但是价格要比实木地板低，中档产品的价格一般为200~400元/m²。

2. 实木复合地板的鉴别

（1）要注意观察表层厚度。实木复合地板的表层厚度决定其使用寿命，表层板材越厚，耐磨损时间就越长，进口优质实木复合地板的表层厚度一般为4mm以上，此外还须观察表层材质和四周榫槽是否有缺损。

（2）检查产品的规格尺寸公差是否与说明书或产品介绍一致。可以用尺子实测或与不同品种相比较，拼合后观察其榫槽结合是否严密，结合的松紧程度如何，拼接表面是否平整。

（3）试验其胶合性能及防水、防潮性能，可以取不同品牌小块样品浸入水中，试验其吸水性和黏合度如何，浸渍剥离速度越低越好，胶合黏度越强越好。按照国家规定，地板甲醛含量应小于9mg/100g。如果近距离接触木地板，有刺鼻或刺眼的感觉，则说明甲醛含量超标了。

7.2.2 强化复合地板

强化复合木地板由多层不同材料复合而成，其主要复合层从上至下依次为：强化耐磨层、着色印刷层、高密度板层、防震缓冲层、防潮树脂层。

图7-31 实木复合地板

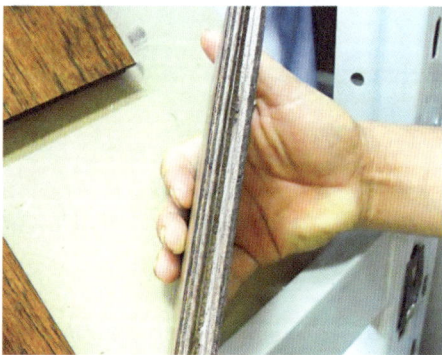

图7-32 实木复合地板侧面

1. 强化复合木地板的优点

（1）强化复合木地板具有很高的耐磨性，表面耐磨度为普通油漆木地板的10～30倍。

（2）着色印刷层为饰面贴纸，纹理色彩丰富，设计感较强。

（3）产品的内结合强度、表面胶合强度和冲击韧性力学强度都较好。

（4）具有良好的耐污染、腐蚀，抗紫外线光，耐香烟灼烧等性能（见图7-33）。

（5）强化复合木地板采用了高标准的材料和合理的加工手段，具有较好的尺寸稳定性。

（6）地板安装简便，维护保养简单，采用泡沫隔离缓冲层（泡沫防潮毡）悬浮铺设的方法，施工简便，效率高（见图7-34）。

图7-33 强化复合木地板铺装

图7-34 强化复合木地板安装

（7）防震缓冲及树脂层垫置在高密度板层下方，用于防潮、防磨损，起到保护基层板的作用。

2. 强化复合木地板的规格与价格

强化复合木地板的规格长度为900～1500mm，宽度为180～350mm，厚度为8～18mm，其中，厚度越厚，价格越高。目前市场上售卖的复合木地板以12mm居多，价格为80～120元/m²。高档优质强化复合木地板还增加了约2mm厚的天然软木，具有实木脚感，噪声小、弹性好。购买地板时，商家一般会附送配套的踢脚线、分界边条、防潮毡等配件，并负责运输安装。在家居室内空间，强化复合木地板成为年轻业主的首选。

3. 强化复合木地板的鉴别

（1）要注意检测耐磨转数，这是衡量强化复合地板质量的一项重要指标。一般而言，耐磨转数越高，地板使用的时间就越长，地板的耐磨转数达到1万转为优等品，不足1万转的产品，在使用1～3年后就可能出现不同程度的磨损现象。可以用0号粗砂纸在地板表面反复打磨，约50次，如果没有褪色或磨花，就说明质量还不错（见图7-35）。

图7-35 砂纸打磨

（2）观察表面质量是否光洁。强化复合木地板的表面一般分为沟槽型、麻面型、光滑型等3种，本身无优劣之分，但都要求表面光洁无毛刺（见图7-36），但是背面要求有防潮层（见图7-37）。观察企口的拼装效果，可以拿两块地板的样板拼装一下，看拼装后企口是否整齐、严密（见图7-38和图7-39）。

（3）注意地板厚度与质量，选择时应该以厚度厚些的为宜。复合木地板的厚度越厚，使用寿命也就相对越长，但同时要考虑装修的实际成本。同时，复合木地板的质量主要取决于其基材的密度，基材决定着地板的稳定性、抗冲击性等诸项指标，因此基材越好，密度越大，地板也就越重。

（4）了解产品的配套材料，如各种收口线条（见图7-40）、踢脚线等配套材料的质量、价格如何。查看正规证书和检验报告，选择地板时一定要弄清商家有无相关证书和质量检验报告。如甲醛含量，按照欧洲标准，地板甲醛含量应小于9mg/100g，如果大于9mg则属于不合格产品。可以从包装中取出一块

图7-36　平抚表面

图7-37　背部防潮层

图7-39　预拼接

图7-38　侧部企口

图7-40　收口线条

地板，仔细闻一下，如果没有刺激性气味就说明质量合格。

7.2.3 竹地板

竹地板是竹子经处理后制成的地板，与木材相比，竹材作为地板原料有许多特点。

1. 竹地板的优点

竹木地板良好的质地和质感，竹材的组织结构细密，材质坚硬，具有较好的弹性，脚感舒适，装饰自然而大方（见图7-41）。竹子具有优良的物理力学性能，竹材的干缩湿胀小，尺寸稳定性高，不易变形开裂，同时竹材的力学强度比木材高，耐磨性好。竹子具有别具一格的装饰性，竹材色泽淡雅，色差小，竹材的纹理通直，很有规律，竹节上有点状放射性花纹（见图7-42和图7-43）。

2. 竹地板的种类

（1）本色竹地板。本色竹地板保持竹材原有的色泽。

（2）炭化竹地板。炭化竹地板的竹条要经过高温高压的炭化处理，使竹片的颜色加深（见图7-44）。

3. 竹地板的规格与价格

价格也介于实木地板与强化复合木地板之间，规格与实木地板相当，中档产品的价格一般为150～300元/m²。

4. 竹地板的鉴别

（1）应该选择优异的材质，正宗的楠竹较其他竹类纤维坚硬密实，抗压抗弯强度高，耐磨，不易吸潮，密度高，

图7-41　竹地板铺装

图7-42　竹地板细节（1）

图7-43　竹地板细节（2）

图7-44　竹地板表面纹理

韧性好，伸缩性小。

（2）识别地板的含水率，由于各地湿度不同，选购竹地板时对含水率标准要求也不一样，必须注意含水率对当地的适应性。目前，市场上有很多未经处理和粗制滥造的竹地板。极易受湿气、潮气的影响，安装一段时间后地板会发黑、失去光泽、收缩变形，选购时应认真鉴别。含水率直接影响到地板生虫霉变，选购竹地板时应该强调防虫防霉的质量保证。未经严格特效防虫、防霉剂浸泡和高温蒸煮或炭化的竹地板，绝对不能选购。

（3）观察竹地板的胶合技术，竹地板经高温高压胶合而成。市场上有的厂家和个体户利用手工压制或简易机械压制，施胶质量无法保证，很容易出现开裂开胶等现象。

（4）从外观上即可识别，优质竹地板是六面淋漆。由于竹地板是绿色自然产品，表面带有毛细孔，因为存在吸潮机率从而引起变形，所以必须将四周全部封漆，并粘贴防潮层（见图7-45和图7-46）。但正常顺弯地板不会影响使用质量，安装时可自动整平。

（5）查看产品资料是否齐全，正规的产品按照国家明文规定应该有一套完整的产品资料，包括生产厂家、品牌、产品标准、检验等级、使用说明、售后服务等资料，如果资料齐备，则说明该生产企业是具有一定规模的正规企业，即使出现问题也有据可查。

7.2.4　塑料地板

塑料地板，即采用塑料材料铺设的地板，是以高分子化合物制成的地板覆盖材料。其基本原料主要为聚氯乙烯（PVC），具有较好的耐燃性与自熄性，加之它可以通过改变增塑剂和填充剂的加入量以改变性能，所以，目前PVC塑料地板使用面最广。

1.　塑料地板的种类

（1）块材地板。块材地板的主要优点是，在使用过程中如果出现局部破损，可以局部更换而不影响整个地面的外观。但接缝较多，施工速度较慢。块材地板为硬质或半硬质地板，质量可靠，颜色有单色

图7-45　竹地板截面封漆

图7-46　竹地板表面防潮

和拉花两个品种，其厚度大于1.5mm，属于低档地板，可以解决混凝土地面冷、硬、灰、潮、响的缺点，使环境能够得到一定程度上的美化（见图7-47）。

（2）软质卷材地板。软质卷材地板大部分产品的厚度只有0.8mm，它解决不了冷、硬、响的弊病，且因强度低，使用一段时间后，绝大部分会发生起鼓及边角破裂等现象。弹性卷材地板也能解决混凝土地面的冷、硬、灰、潮、响的缺点。其纹样自然、逼真，有仿木纹、仿石纹、仿织物纹样的图案（见图7-48），装饰效果好，脚感舒适，采用不燃塑料制造，不易引起火灾。表面的耐磨层强度高，其舒展性、防卷翘性、抗收缩性、防水防霉性、耐磨性等，较市场上现有的以无纺布、纸或再生塑料作基材，表面又不耐磨的廉价地板，要优越得多（见图7-49）。

2. 塑料地板的优点

（1）防水防滑。塑料地板表面密度高，具有遇水不滑，家居铺装可解除对老年人及儿童的安全顾虑，其特性是石材、瓷砖等所无法比拟的（见图7-50）。

（2）超强耐磨。地面材料的耐磨程度，取决于表面耐磨层的材质与厚度，并非单看其地砖的总厚度。塑料地板表面覆盖0.2～0.8mm厚的高分子特殊材质，耐磨程度高，为同类产品中最佳品（见图7-51）。

（3）质轻。施工后质量是木地板的1/10，瓷砖的1/20，石材的1/25，最适合高层建筑住宅室内装修，能够降低建筑的承重，使其安全性有保障，且搬运

图7-47　块材塑料地板

图7-49　卷材塑料地板

图7-48　卷材塑料地板

图7-50　卷材塑料地板铺装

图7-51 块材塑料地板（1）

图7-52 块材塑料地板（2）

方便（见图7-52）。

（4）导热保暖性好。导热只需几分钟，散热均匀，绝无石材、瓷砖的冰冷感觉，适用于安装在有地暖的房间。

（5）保养方便。塑料地板易于保养，易擦，易洗，易干，使用寿命长，平常用清水拖把擦洗即可，若遇污渍，用橡皮擦或稀料擦拭即可。

（6）绿色环保。无毒无害，对人体、环境绝无副作用，且不含放射性元素。通过防火测试，离开火源即自动熄灭，生命安全有保障。通过各项专业指标测试，防潮、防虫蛀、不怕腐蚀。

3. 塑料地板的价格

塑料地板按其色彩可分为单色、复

色两种。单色地板一般用新方法生产，价格略高些，约有10～15种颜色。塑料地板的装饰效果好，其品种、花样、图案、色彩、质地、形状的多样化（见图7-53和图7-54），能够满足不同人群的爱好和各种用途的需要，如模仿的天然材料，十分逼真。塑料地板的价格与地毯、木质地板、石材、陶瓷地面材料相比，价格相对便宜。常见的软质卷材地板成卷销售，也可以根据实际的使用面积按直米裁切销售，一般产品宽度为1.8～3.6m，规格为10m/卷，裁切后铺装到家居地面，平均价格为15～20元/m^2。

4. 塑料地板的鉴别

（1）外观质量。优质产品的表面应

图7-53 塑料地板铺装（1）

图7-54 塑料地板铺装（2）

该平整、光滑，无压痕、折印、脱胶现象，周边方正，切口整齐，购买时要关注颜色、花纹、色泽、平整度和伤裂等状态。一般在600mm的距离外目测不可以有凹凸不平、光泽与色调不匀、裂痕等现象。要求塑料地板能够在长期荷载状态下依旧保持较好的弹性回复率。

（2）耐磨耗性。耐磨耗性是塑料地板的重要性能指标之一，可以采用360号砂纸在塑料地板表面反复打磨10～20次，若表面无褪色或划痕即为合格。还可以用4H绘图铅笔在地板表面用力刻划，如没有划痕即为合格。容易划伤的塑料地板说明其不耐用，很快就会被磨穿。

（3）阻燃性。塑料在空气中加热容易燃烧、发烟、熔融滴落，甚至产生有毒气体。如聚氯乙烯塑料地板虽具有阻燃性，但一旦燃烧，会分解出氯化氢气体，危害人体健康。可以用打火机点燃塑料地板的边角，优质地板材料离开火焰后会自动熄灭。从消防的角度出发，应该选用阻燃、自熄性塑料地板。

（4）耐久性及其他性能。在大气氧化的作用下，塑料地板可能会出现失光、变少、龟裂及破损等老化现象。耐久性很难通过一次性测定，必须通过长期使用观测。此外，要关注其他性能，如抗冲击、防滑、导热、抗静电、绝缘等也要良好。质量差的地板遇到化学药品会出现斑点、气泡，受污染时会褪色、失去光泽等，所以使用时必须谨慎选择。

7.2.5 装饰线条

装饰线条在室内装饰、装修工程中是必不可少的配件材料，主要用于划分装饰界面、层次界面、收口封边。

1. 装饰线条的种类

（1）实木线条

实木线条是使用车床将中高档原木挤压、裁切、雕琢而成，主要用于木质工程中门窗套、家具边角、家具台面等构造上。实木线条纹理自然、浑厚，尤其是名贵木材配合同类薄木装饰面板使用，装饰效果浑然一体，但成本较高。实木线条规格一般以宽度来区分应用部位，一般为10～80mm，厚度应大于3mm。宽度大于60mm一般可定制加工成各种花纹或条纹，厚度也可以相应增加（见图7-55

图7-55 实木线条

图7-56 实木踢脚线

和图7-56），长度为1800～3600mm不等。在选购实木装饰线条时，应该注意，含水率须控制在11%～12%。实木线条在施工中一般使用钉接与胶水黏接相结合，后期注意使用同色灰膏修补钉头。安装实木踢脚线时应该在基层构造上涂刷防水涂料或铺贴防潮毡。

（2）复合板线条

复合板线条以中密度纤维板为基材，表面通过贴塑、喷涂等工艺形成丰富的装饰色彩，一般用于复合板家具及装饰构造的收边封口，此外还用于复合木地板的踢脚线、分界线。

复合板线条表面光洁，手感光滑，质感好。用肉眼观其直线度，表面必须相同，判定是否已因吸潮而变形。注意色差，每根线条的色彩应均匀，没有霉点、虫眼及污迹。选购时注意装饰表层是否粘

接牢固，对于复合木地板配送的踢脚线条要注意是否有色差（见图7-57和图7-58）。

2. 装饰线条的优点

装饰线条可以强化结构造型，增强装饰效果，突出装饰特色，部分装饰线条还可起到连接、固定的作用。木质线条造型丰富，可塑性强，制作成本低廉，从材料上分为实木线条与人造复合板线条，从形态上又分为平板线条、圆角线条、槽板线条等。

7.2.6 地垫

地垫是地板与地面之间的隔层，它在地板铺设中主要起防潮和平衡的作用（见图7-59和图7-60）。市场上所销售的地垫产品一般都能达到用户的基本使用要求。地垫只是起到防潮、减震、静音的作用，最终还是看地板质量的好

图7-57 复合板线条

图7-58 复合板线条应用

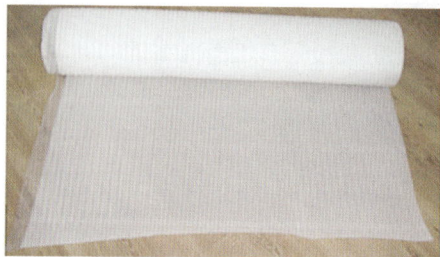
图7-59 防潮地垫（1）

图7-60 防潮地垫（2）

坏和铺装师傅的手艺。目前地垫种类繁多，大致有普通地垫、铝膜地垫、塑料膜地垫、特种塑胶地垫、防潮纸地垫等类别。

塑料膜地垫主要是看其韧性，好的地垫韧性也很好；而铝膜地垫则要注意其表面的铝膜和塑料膜粘接是否紧密，好的铝膜地垫的那层铝膜是不容易脱落的。另外，在选购时应注意，地垫并非越厚越好，一般2mm左右就可以了。太厚的话，地板回旋余地比较大，时间长了容易起拱。

小安给你来总结

正确保养竹地板

（1）保持通风。经常保持室内通风，既可以使竹地板中的化学物质加速挥发，又可以使室内的潮湿空气与室外交换。

（2）避免暴晒或雨淋。阳光或雨水直接从窗户进入室内会对竹地板产生危害。阳光会加速漆面老化，引起地板干缩、开裂。被雨水淋湿后，竹材吸收水分产生膨胀变形、发霉。

（3）避免损坏表面。竹地板漆面既是地板的装饰层，又是竹地板的保护层，应该避免硬物的撞击、利器的划伤、金属的摩擦等，在搬运、移动家具时应该小心轻放，家具的落脚部位应该垫放或粘贴脚垫等。

（4）正确清洁打理。应经常清洁竹地板，可先用干净的扫帚把灰尘和杂物扫净，再用拧干水的抹布人工擦拭。如面积太大时，可将布拖把洗干净，再挂起来滴干水滴，用来拖净地面。切记不能用水洗，也不能用湿漉漉的抹布或拖把清理。平时如果有含水物质泼洒在地面时，应立即用干抹布抹干。如果条件允许，应间隔一段时间打地板蜡。

第8章 洁具灯具样多价不菲

洁具和灯具是家居装修中不可或缺的重要部分，既要求功能完善，又要求美观实用。洁具主要包括卫生间的各种配件，灯具根据住宅各个地方需求不同有对应款式。洁具和灯具的选购可以体现住户的审美水平，根据家装风格选择洁具和灯具是必须要做的功课。

关键词：规格　价格　功能

8.1 洁具

小安谈家装

我们选择洁具的时候首先考虑的一般是它们的功能性、美观性。但是还有很重要的一点千万不能忽略，就是在购买洁具之前要了解我们卫生间的大小和结构，避免买回来后与卫生间大小不符。

卫生洁具是现代家居装修中不可缺少的重要组成部分，既要满足功能使用，又要考虑节能、节水要求。卫生器具的材质主要是陶瓷、搪瓷生铁、搪瓷钢板等。卫生洁具的五金配件也由一般的镀铬表面发展到全铝合金、不锈钢等多种材料，以获得更美观的视觉效果。

8.1.1 洗面盆

洗面盆是卫生间必备洁具，其种类、款式、造型非常丰富，洗面盆可以分为台盆、挂盆、柱盆，而台盆又可分为台上盆、台下盆、半嵌盆（见图8-1）。

1．洗面盆的种类

（1）陶瓷洗面盆。陶瓷洗面盆一直是市场的首选，经济实惠，现代新产品完美造型使陶瓷洗面盆也不乏个性。陶瓷洗面盆与不锈钢、玻璃、石材洗面盆相比，价格要低很多（见图8-2）。

（2）不锈钢洗面盆。不锈钢洗面盆与卫生间内其他钢质浴室配件一起，烘托出特有的现代感。市场上销售不锈钢面盆的厂家并不多，且价格偏贵，其突出优点就是容易清洁（见图8-3）。

（3）玻璃洗面盆。玻璃洗面盆晶莹透明，款式新颖，可以与洗面台连为一体。现在市场上出售的玻璃洗面盆壁厚

图8-1 半嵌洗面盆

图8-2 陶瓷洗面盆

有12mm、15mm、19mm等几种。玻璃面盆的清洁保养与普通陶瓷面盆没有区别，只是注意不要用重物撞击或锐器刻画即可（见图8-4）。

2. 洗面台的选购

在选购洗面盆时应根据卫生间环境与生活习惯来确定洗面盆的款式，卫生间面积较小时一般选购立柱洗面盆，卫生间较大时可以选购台盆并自制台面配套，但目前比较流行的是厂家预制生产的成品台面、浴室柜及配套产品，造型美观，方便适用（见图8-5和图8-6）。

3. 洗面台的鉴别

（1）对于销量最大的陶瓷洗面盆而言，最重要的是注意陶瓷釉面质量，优质产品的釉面不容易挂脏，表面易清洁，长期使用仍光亮如新。

（2）选购时可以对着光线，从陶瓷的侧面多角度观察，优质产品的釉面应没有色斑、针孔、砂眼、气泡，表面非常光滑。

（3）可以在陶瓷洗面盆表面滴上酱油等有色液体，待30分钟后擦拭，也可以用360号砂纸在表面打磨，优质产品表面均无任何痕迹（见图8-7和图8-8）。

（4）吸水率也是陶瓷洗面盆的重要指标，吸水率越低，产品越好，低档产

图8-3 不锈钢洗面盆

图8-4 钢化玻璃洗面盆

图8-5 洗面盆套装台柜（1）

图8-6 洗面盆套装台柜（2）

图8-7　酱油测试

图8-8　砂纸打磨

品吸水后，陶瓷会产生膨胀，容易使陶瓷釉面产生龟裂，脏物与异味容易吸入陶瓷，一般吸水率小于3%的产品为高档陶瓷洗面盆。

8.1.2　坐便器与蹲便器

1. 蹲便器

蹲便器是指使用时以人体为蹲式特点的便器，蹲便器一般为陶瓷制品，结构简单、价格低廉（见图8-9）。蹲便器在家居装修中主要用于公共卫生间，选购时一般还需购置配套水箱。

（1）蹲便器的结构与价格。

蹲便器结构有存水弯与无存水弯两种。有存水弯是利用横向S型弯管，造成水封构造，防止排水管中的气体倒流。

带存水弯构造的蹲便器价格较高，安装时要在底部预留管道布设空间，其高度一般应大于200mm。蹲便器价格一般为60～200元/件。

（2）蹲便器的鉴别。

1）触摸产品表面，优质蹲便器表面的釉面与坯体都比较细腻，手摸表面不会有凹凸不平的感觉。而低档产品的釉面比较暗（见图8-10），在手电筒照射下，会发现有毛孔，釉面与坯体都比较粗糙（见图8-11）。

2）用卷尺测量宽度是否一致（见图8-12），也可以掂量质量，优质产品采用高温陶瓷，材料结构致密，质量较大，而低档产品质量较轻。

3）检查吸水率，用酱油等有色液体

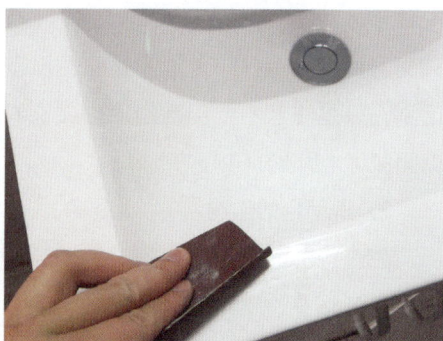

图8-9　蹲便器

图8-10　触摸釉面

图8-11　手电筒照射釉面

滴在蹲便器坯体表面，优质产品应不吸水，因此不会发生釉面龟裂或局部渗水现象，而低档产品容易吸水。

4）关注蹲便器的背部坯体的平整度（见图6-13）。

安装时，应将蹲便器平整放置在相应位置，用水平尺校正平整，这是影响其冲

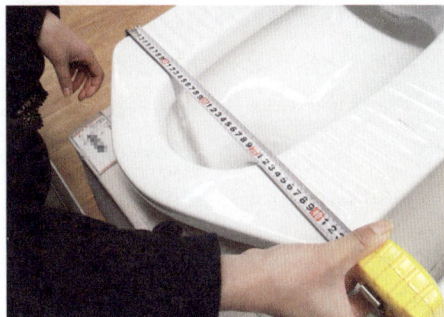

图8-12　测量尺寸

水后是否干净的最大因素（见图8-14）。

2. 坐便器

坐便器是指使用时以人体为坐式特点的便器，坐便器一般为陶瓷制品。坐便器外观呈封闭结构，安装后造型美观，具有很高的卫生保洁功能，是现代家居卫生间装修的首选产品（见图8-15和图8-16）。

图8-13　背部坯体

图8-14　安装平整

图8-15　传统坐便器

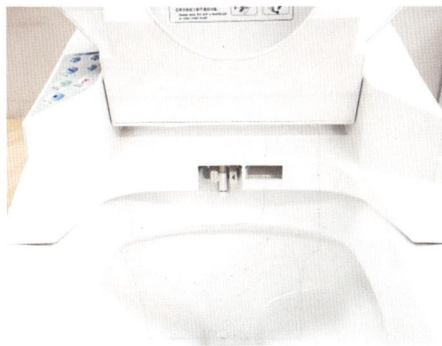

图8-16　微电脑坐便器

（1）坐便器的种类。坐便器价格差距很大，中档产品一般为800～1200元/件。根据工作原理，坐便器分以下两种：

1）直冲式坐便器。直冲式坐便器是利用水流的冲力来排冲，一般池壁较陡，存水面积较小，这样水力集中，便圈周围落下的水力加大，冲污效率高。直冲式坐便器冲水管路简单，路径短，管径粗，利用水的重力就能排冲干净，不容易造成堵塞。但是，直冲式坐便器最大的缺陷就是冲水噪声大，还有由于存水面较小，易结垢，防臭功能不好（见图8-17和图8-18）。

2）虹吸式坐便器。虹吸式坐便器的结构是排水管道呈横向S型弯管，在排水管道充满水后会产生一定的水位差，借冲洗水在便器排污管内产生吸力达到排冲目

的，由于虹吸式坐便器池内存水面较大，冲水噪声较小（见图8-19和图8-20）。虹吸式坐便器还分为旋涡式虹吸、喷射式虹吸两种。旋涡式虹吸坐便器的水口设于坐便器底部的一侧，冲水时水流沿池壁形成旋涡，这样会加大水流对池壁的冲洗力度，也加大了虹吸的吸力，更利于冲排。喷射式虹吸坐便器在虹吸式坐便器上进一步改进，在底部增加一个喷射口，对准排污口中心，冲水时一部分水从便圈周围的布水孔流出，一部分由喷射口喷出，能产生较大水流冲力，达到更好的冲排效果。

（2）虹吸式坐便器的优点。虹吸式坐便器的最大优点就是冲水噪声小，存水较高，防臭效果优于直冲式，缺点是要具备一定水量才可达到冲净的目的，

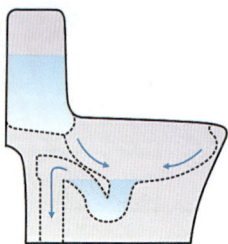

图8-17　直冲式坐便器工作示意

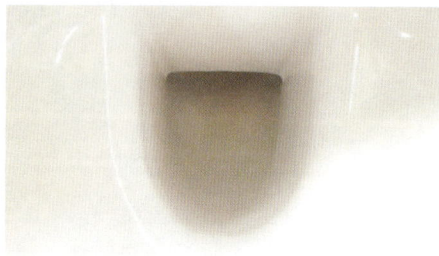

图8-18　直冲式坐便器构造

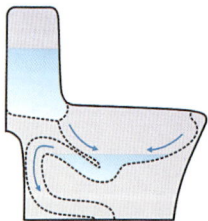

图8-19　虹吸式坐便器工作示意

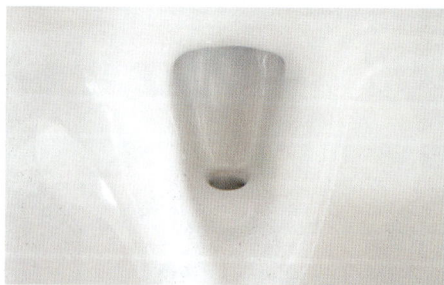

图8-20　虹吸式坐便器构造

每次至少要用8~9L水，比较费水（见图8-21）。

（3）坐便器的鉴别。选购坐便器要注意识别质量，具体方法与蹲便器选购类似。

1）要注意节水效果，更多要注意选择节水产品，目前市场上的坐便器冲水量一般为10L左右，对水源的污染与浪费极其严重，现在坐便器应选用冲洗量为6L的节水型坐便器，一般以虹吸式坐便器为主。

2）确定安装尺寸，要预先测量下水口中心距毛坯墙面的距离，一般以300mm与400mm两种尺寸为主。

3）注意坐便器的构造，坐便器有连体式与分体式两种，连体式坐便器外部没有连接部分，清洁方便，安装容易，但价格较贵。分体式坐便器由水箱与底座两部分组成，在连接处可能会造成污垢，不宜清洁，但价格便宜（见图8-22）。

4）注意配套制品的风格、色调应与卫生间其他设备匹配，卫生间的陶瓷制品很多，如坐便器、洗面器、皂盒、手纸盒、拖布池等，其颜色只有一致或接近，才能和谐美观。

8.1.3　淋浴花洒与淋浴房

1．淋浴花洒

淋浴花洒又称淋浴喷头，是淋浴器最主要组成部分（见图8-23）。现在市面上的花洒样式越来越多，功能也越来越丰富。

淋浴花洒的选购鉴别方法如下。

（1）看材质。

1）镀层。在卫生间等比较潮湿的环境中，花洒外表如果不经过电镀处理，就会使本身的材质受影响。但同样是电镀，工艺处理差异却有很大不同，在光线充足时观察，花洒龙头表面应该黑亮如镜，无任何氧化斑点、烧焦痕迹。

2）管体。好的管体都是采用全铜材质，并且外表要经过打磨、抛光、除尘、镀镍、镀铬等工艺（见图8-24）。这样就可以确保在潮湿环境中使用不会变黑、起泡掉落。有一些商家会用铸铁管冒充全铜管，全铜管的敲击声音洪亮，铸铁管的敲击声音小且沉闷。

3）阀芯。好的阀芯用硬度极高的陶瓷制成，顺滑、耐磨、隔绝滴漏。消费者自己一定要动手扭动开关试一试，如

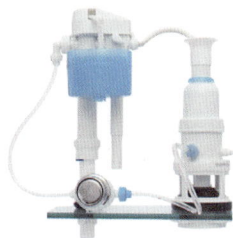
图8-21　坐便式冲水构造

图8-22　分体式坐便器

图8-23 淋浴花洒

图8-24 淋浴花洒

图8-25 花洒

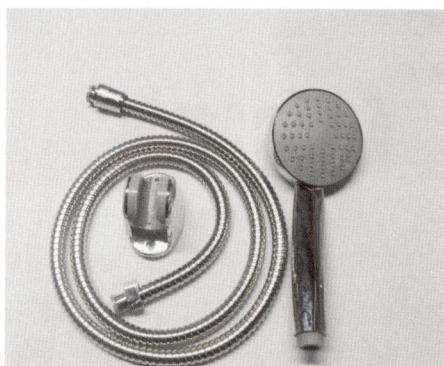

图8-26 淋浴配件

果手感较差，最好不要购买。

（2）看配件。花洒配件会直接影响到其使用的舒适度，需要格外留意。比如水管和升降杆是否灵活，花洒软管抗曲能力如何。花洒连接处是否设有防扭缠的滚球轴承，升降杆上是否有旋转控制器等。选择花洒一定要看出水，设计良好的花洒能保证每个喷孔分配的水量都基本相同。挑选时让花洒倾斜出水，如果顶部的喷孔出水明显小或者没有，则说明花洒的内部设计很一般。

（3）看节水功能。节水功能是选购花洒时需要考虑的重点。有些花洒采用钢球阀芯，并配以调节热水控制器。可以调节热水进入混水槽的流入量。从而使热水可以迅速准确地流出，这类设计比较合理的花洒比普通花洒节水50%。

2. 淋浴房

淋浴房又称淋浴隔间，是充分利用室内一角，用围屏将淋浴范围清晰划分出来，形成相对独立的洗浴空间。

（1）淋浴房的种类。淋浴房按形式可分为转角形淋浴房、一字形淋浴房、圆弧形淋浴房、浴缸上淋浴房等；按底盘的形状分为方形、全圆形、扇形、钻石形淋浴房等；按门结构分移门（见图8-27）、折叠门（见图8-28）、平开门（见图8-29）淋浴房等。

图8-27 移门淋浴房

图8-28 折叠门淋浴房

（2）淋浴房的价格。目前，市场上比较流行整体淋浴房，带蒸汽功能的整体淋浴房又称为蒸汽房。与传统淋浴房相比，整体淋浴房由顶盖、围屏、盆底组成，款式丰富，其底盆材质有陶瓷、亚克力、人造石等，底坎或底盆上安装塑料或钢化玻璃。普通淋浴房价格为2000～5000元/件，整体淋浴房价格很高，甚至达20000元/件（见图8-30）。

（3）淋浴房的鉴别。选购淋浴房要注意识别质量。

1）观察玻璃，看玻璃是否通透，有无杂点、气泡等缺陷，玻璃原片上是否有3C标志认证（见图8-31）。

2）观察金属配件，看铝材的表面是否光滑，有无色差、砂眼，并注意剖面的光洁度（见图8-32）。淋浴房铝材需要支撑玻璃的重量，合格的淋浴房铝材厚度均

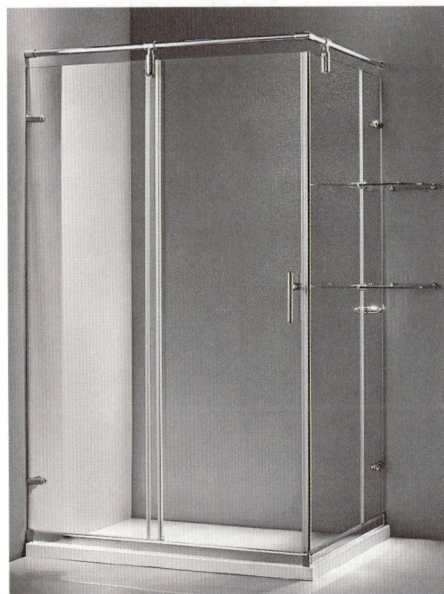

图8-29 平开门淋浴房

在1.5mm以上，铝材的硬度可以通过手压铝框测试，成人很难用手压使其变形。而回收的废旧铝材表面的处理光滑度不够，会有明显色差与砂眼，特别剖面的光

图8-30　整体淋浴房

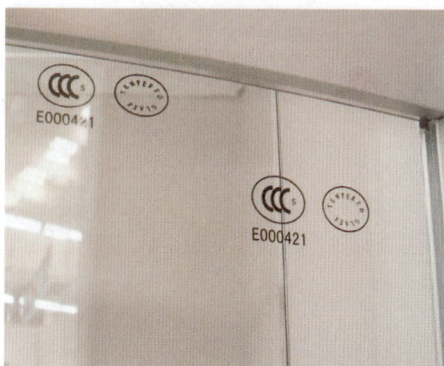

图8-31　3C标志认证

洁度偏暗。滑轮的轮座要使用抗压、耐重的材料，如304不锈钢。轮座的密封性要好，水汽不容易进轮子，轮子的顺滑性得到保障。滑轮与轨道要配合紧密，缝隙小（见图8-33），在受到外力撞击时不容易脱落，避免发生安全事故。

　　3）观察连墙配件的调节功能，墙体的倾斜与安装的偏移会导致玻璃发生扭曲，从而发生玻璃自爆现象。因此连墙材要有纵横方向的调整功能，让铝材配合墙体与安装的扭曲，消除玻璃的扭曲，避免玻璃的自爆。

　　4）观察淋浴房的水密性，主要观察的部位是淋浴房与墙的连接处、门与门的接缝处、合页处、淋浴房与底盆的连接处、胶条处等（见图8-34和图8-35）。此外，购买带蒸汽功能的淋浴房时应关注蒸汽机与电脑控制板的质量，在购买时一定要问清蒸汽机与电脑芯片的保修时间。

8.1.4　浴缸

　　浴缸是安装在卫生间的洗浴设备，一般放置在面积较大的卫生间内，靠墙角布置，洗浴时需要注入大量的水，可根据不同生活习惯来选购使用。

1. 浴缸的种类

　　（1）亚克力浴缸。亚克力浴缸采用

图8-32　触摸铝材表面

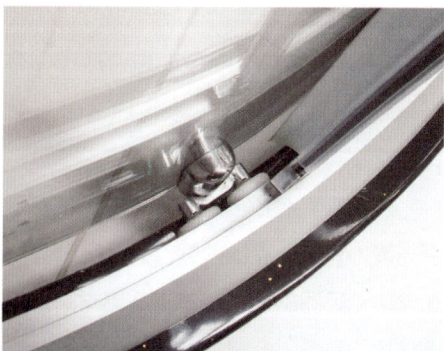

图8-33　滑轨与轨道

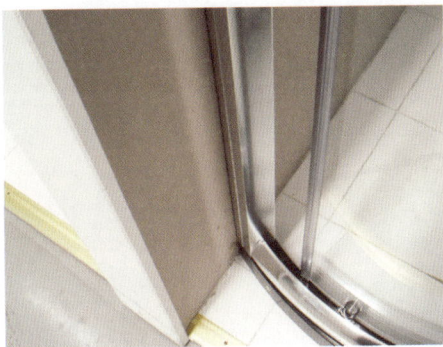
图8-34 淋浴房接缝（1）

图8-35 淋浴房接缝（2）

人造有机材料制造，特点是造型丰富，质量轻，表面光洁度好，而且价格低廉，但是耐高温性能差，不耐磨，表面易老化。但整体而言，亚克力浴缸性价比比较高（见图8-36）。

（2）铸铁浴缸。铸铁浴缸采用铸铁制造，表面覆搪瓷，所以质量非常大，使用时不易产生噪声，便于清洁。由于铸造过程比较复杂，自重较大，所以铸铁浴缸的造型比较单一且价格较贵（见图8-37）。

（3）木质浴缸。木质浴缸常选用木质硬、密度大、防腐性能佳的材质，如云杉、橡木、松木、香柏木等，一般以香柏木最常见。木质浴缸具有容易清洗、不带静电、天然环保等优点。由于木质浴缸喜湿怕干，要时常用清水浸润，避免暴晒（见图8-38）。

（4）钢板浴缸。钢板浴缸是制造浴缸的传统材质，钢板缸是由整块2～3mm厚的专用钢板经冲压成型，表面再经搪瓷处理制成的，具有耐磨、耐热、耐压等特点，质量介于铸铁缸与亚克力缸之间，保温效果低于铸铁缸，但使用寿命长，整体性价比比较高，只是保温效果差，注水时噪声大，造型较单调（见图8-39）。

2. 浴缸的规格与价格

浴缸布置形式有搁置式、嵌入式、

图8-36 亚克力浴缸

图8-37 铸铁浴缸

图8-38　木质浴缸

图8-39　钢板浴缸

半下沉式3种。搁置式浴缸一般将浴缸靠墙角放置，施工方便，容易检修，适用于地面上已装修完毕的卫生间。嵌入式浴缸是将浴缸嵌入台面，台面有利于放置各种洗浴用品，但占用空间比较大。半下沉式浴缸是将浴缸的一部分埋入地下或带台阶的高台中，浴缸上表面比卫生间地面或台面高约300mm，使用时出入方便。中档浴缸价格为2000～3000元/件。

3. 浴缸的鉴别

（1）观察表面。注意产品的光泽度，通过表面光泽了解材质的优劣，适合于任何一种材质的浴缸，劣质产品表面会出现细微的波纹。

（2）可以按压浴缸，浴缸的坚固度关系到材料的质量与厚度，有重物或压力的情况下，如用力按压浴缸表面，看是否有下沉的感觉（见图8-40）。

（3）敲击浴缸。仔细听声音，优质产品应干脆、硬朗（见图8-41）。对于按摩浴缸，可以接通电源，仔细听电动机的噪声是否过大。

（4）关注售后服务。如是否提供上门测量、安装服务等。此外，还要注意浴缸尺寸与卫生间面积是否匹配，同时也应与使用者的身高相适应，浴缸长度一般应大于1350mm。

图8-40　按压浴缸

图8-41　敲击浴缸

8.1.5 水龙头

水龙头又称水阀门，是用来控制水流开关、大小的装置，具有节水的功效（见图8-42和图8-43）。在家居装修中，水龙头的使用频率最高，产品门类丰富，价格差距也很大，普通产品的价格范围为50～200元不等，高档产品甚至上千元，选购时还须谨慎。

1. 水龙头的种类

水龙头种类较多，按结构主要可以分为单联式、双联式、三联式等。单联式连接冷水管或热水管，多用于厨房水槽（见图8-44），还有能够单独提供热水的加热龙头（见图8-45）；双联式可同时连接冷、热两根管道，多用于卫生间洗面盆，以及有热水供应的厨房水槽水龙头（见图8-46）；三联式除了连接冷、热水两根管道外，还可以连接淋浴喷头，主要用于浴缸或淋浴房（见图8-47）。

（1）按开启方式可分为螺旋式、扳手式、抬启式、感应式等。螺旋式手柄打开时，要旋转很多圈；扳手式手柄一般只需旋转90°；抬启式手柄只需往上抬即可出水；感应式水龙头只要将手伸到水龙头下便会自动出水（见图8-48）。另外，还有能延时关闭的水龙头，关闭水龙头后水还会再流几秒钟才停，可用于再次短时清洗（见图8-49）。

图8-42 水龙头（1）

图8-43 水龙头（2）

图8-44 单联式水龙头

图8-45 单联式加热水龙头

图8-46　双联式水龙头

图8-47　三联式水龙头

（2）按阀芯分类可分为橡胶阀芯（慢开阀芯）、陶瓷阀芯（快开阀芯）、不锈钢阀芯等。水龙头的质量关键在于阀芯。使用橡胶芯的水龙头多为螺旋式开关，开启速度较慢（见图8-50）；陶瓷阀芯的水龙头开、关速度快，现在应用比较普遍（见图8-51）；不锈钢阀芯更适合水质差的地区使用。

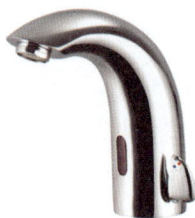

图8-48　感应水龙头

2. 水龙头的鉴别

（1）观察外观。水龙头外表面一般经过镀铬处理，可以在光线充足的情况下，将水龙头放在手中，先伸直手臂远距离观察，优质产品的表面应该乌亮如镜，无任何氧化斑点、烧焦痕迹（见图8-52）。用手指按一下龙头表面，指纹如果能很快散开，则说明不易附着水垢。

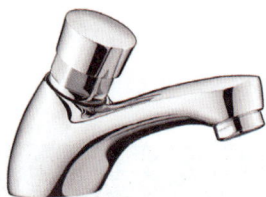

图8-49　延时水龙头

（2）注意材质。水龙头的主要部件一般用黄铜铸成，有些厂家选用锌合金代替以降低生产成本。可以采用估重的方式来鉴别，黄铜较重较硬，锌合金较轻较软，也可以用小手电筒照射水龙头内部，察看内部材质的颜色（见图8-53）。还可以用手臂内侧皮肤触碰水龙头，如果感到特别冰凉则为铜质产品（见图8-54）。

图8-50　橡胶阀芯

图8-51　陶瓷阀芯

（3）阀芯配件。阀芯的质量是水龙头的关键，目前水龙头普遍使用陶瓷阀芯。优质的陶瓷阀芯开启、关闭迅速，温度调节简便。在转动手柄与管身时应感到轻便、无阻滞感（见图8-55）。

（4）识别包装。水龙头产品应该采用柔软的面料包装，外部套装一层聚苯乙烯泡沫毡，包装盒内应该有生产厂家的品牌标识、质保证书等资料，正规厂家在水龙头的包装盒内有产品的质量保证书及售后服务卡，质保期一般为3年，生产高档产品的厂家甚至能够保证终身更换。

3. 水龙头的安装

水龙头的质量与使用效果还在于正确的安装。在家居装修中，很多业主都能够自己安装水龙头，但是要注意安装步骤与细节。

（1）准备工作。在安装前备齐各种安装工具与配件，如扳手、螺丝刀、钳子、生料带、三角阀、软管、胶垫圈等。打开水龙头包装盒，检查水龙头的组装件是否齐全。将水龙头放置在洗面盆、水槽等安装部位，预想一下安装细节（见图8-56）。

（2）固定水龙头。将水龙头固定在安装部位，在水龙头的下方安装给水软管，安装给水软管比较简单，用手旋转紧固后（见图8-57），再用扳手稍许加强即可，不能用力过大而破坏接口的螺

图8-52　触摸表面

图8-53　观察管内

图8-54　皮肤接触

图8-55　转动管身

纹，也不必采用生料带包裹螺纹（见图8-58）。

（3）连接软管。在给水软管末端安装三角阀时，须用生料带缠绕三角阀的螺纹，一般须平整缠绕10～15圈，三角阀的出水口应该向上。将连接水龙头的软管安装至三角阀的出水口上即可，软管末端有配套的橡胶圈，安装时不必再用生料带缠绕。

（4）通水检测。如果发现渗漏，一般多为给水软管两端未缠绕生料带处漏水，这时只需用扳手紧固即可（见图8-59）。

8.1.6　晾衣架

晾衣架已经成为许多家庭的生活必需品，它的基本组成包括升降器、钢丝、转向器、顶座、晾杆、衣架。大家选购的时候不仅是根据一个功能性的家居产品来选择，更要考虑其美观性。

在国内，晾衣架可以分为两类。一种是升降晾衣架，分为手动和电动（见图8-60和图8-61）。另一种是落地晾衣架。主要有翼型、X形、单杠、双杠等。此种晾衣架比较简单（见图8-62和图8-63）。由不锈钢管或喷涂管以及塑料连接件构成，拆卸方便，可自行安装。

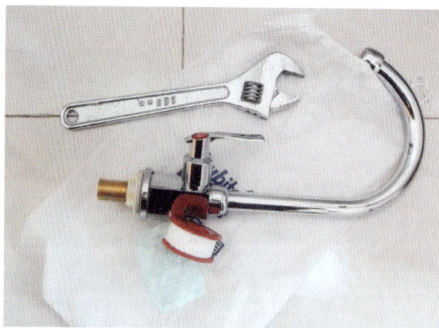

图8-56　检查配件

图8-57　固定水龙头

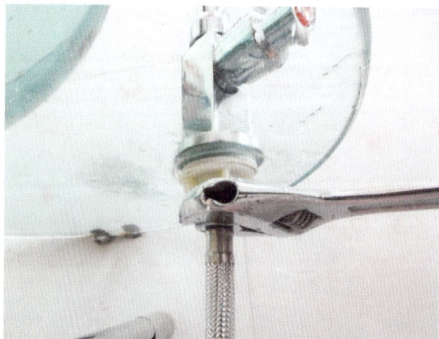

图8-58　软管接水龙头

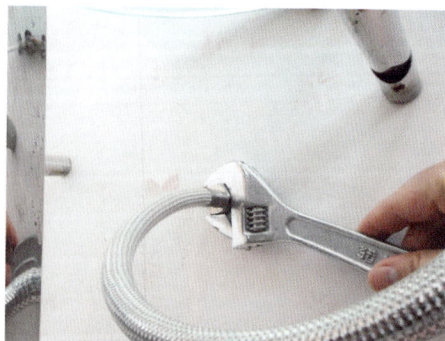

图8-59　软管接给水管

图8-60　自动晾衣架

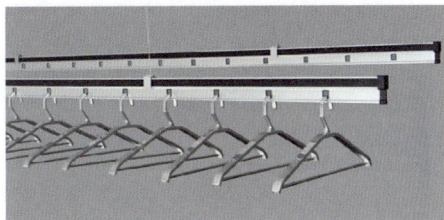

图8-61　手动晾衣架

8.1.7　热水器

热水器是指通过各种物理原理，在一定时间内使冷水温度升高变成热水的设备。热水器一般安装在厨房、卫生间内，供日常清洗、淋浴使用，中档热水器价格为2000~4000元/件。常见的热水器按照原理不同可分为电热水器、燃气热水器、太阳能热水器等3种。

1.　电热水器的种类

（1）电热水器。电热水器的特点是使用方便、节能环保，能持续供应热水。电热水器分为储水式与即热式两种。储水式电热水器容量为30~100L（见图8-64），安装简单，使用方便，是目前市场消费首选。但是储水式电热水器体积大，占空间，使用前要提前预

热，等待时间比较长，容易长水垢，每年需要除垢。即热式电热水器出热水快，只需1分钟即可，热水量不受限制，可连续不断供热水，体积小，外形精致，安装、使用方便快捷（见图8-65）。但是即热式电热水器功率高，一般用于厨房，用于连接水槽上的水龙头，又被称为小厨宝，容量为5~10L。

（2）燃气热水器。燃气热水器使用成本低，热效率高，加热速度快，水温恒定，温度调节稳定，价格低廉。一般家庭使用8~12L的燃气热水器即可。燃气热水器的安全问题需要额外关注，能否及时排走有毒气体，成为燃气热水器安全性的关键。目前，一般采用强制给排气式燃气热水器，即安装管道将燃烧产生的气体排至室外（见图8-66）。

图8-62　双杠晾衣架

图8-63　X形晾衣架

图8-64 储蓄水式电热水器

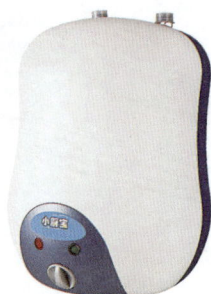

图8-65 即热式电热水器

（3）太阳能热水器。太阳能热水器是采用真空集热管组装的热水器，有光照便能产生热水，具有集热效率高、安全、清洁、节能、保温性能好、使用寿命长等特点。太阳能热水器规格有12～24支管等产品，适用于不同规模家庭，主要可以分为屋顶式太阳能热水器与阳台式太阳能热水器两种。太阳能热水器的使用主要受天气影响，一般在阴雨天就必须使用辅助电加热装置，对安装位置的要求也非常严格，在城市里一般只有顶层或别墅住宅中才安装（见图8-67）。

2. 热水器的鉴别

（1）选购热水器要注意质量，应选择知名品牌产品，根据家庭成员数量来选择容量。其中电热水器是目前市场消费的主流，其质量核心是内胆，目前知名品牌多采用钛金内胆，这也是电热水器市场的主流产品，内胆由含钛金属制成，具有强度高、耐高温、抗腐蚀等特点，性能稳定，有卧式、立式可供选择。

（2）其次是晶硅内胆，它是在钢板基础上将硅化物经高温烘烤使之附着在内胆壁上，可以使水与内胆隔离，避免水与钢板直接接触，具有不生锈、强度

图8-66 燃气热水器

图8-67 太阳能热水器

高的优点。

8.1.8　取暖器

取暖器指用于取暖的设备。取暖器有多种，最常见的电取暖器是以电为能源进行加热供暖的取暖设备，也可叫做电采暖器。

1. 取暖器的种类

（1）电热汀取暖器，又叫充油式取暖器（见图8-68）。这种取暖器体内充有新型导热油，当接通电源后，电热管周围的导热油被加热，然后沿着热管或散热片将热量散发出去。当油温达到85℃时，其温控元件即自行断电。这种取暖器的导热油无须更换，使用寿命长，售价一般在400～500元。适合在客厅、卧室、过道及有老人和孩子的家庭使用，具有安全、卫生、无尘、无味的优点。缺点是散热慢、耗电多。油汀散热片有7片、9片、10片、12片等，可通过选择散热片的多少来调节功率的大小，使用功率在1200W左右。

（2）暖风机（见图8-69）。它利用风机鼓动空气流经PTC电热元件强迫对流，以此为主要热交换方式。其内部装有限温器，当风口被风机堵塞时，可自行断电。有的还装有倾倒开关，当暖风机倾倒时也能自行切断电源。其输出功率在800～1200W，可随意调温，工作时送风柔和，升温快，具有自动恒温功能，一般都具有防水功能，所以适合在浴室使用。售价在300～500元之间，是目前理想的便携式家用取暖器。

（3）对流式取暖器（见图8-70）。这种取暖器罩壳上方为出气口，下方为进气口，通电后电热管周围的空气被加热上升，从出气口流出，而周围的冷空气从进气口进入补充。如此反复循环，使室内温度得以提高。当进、出口被堵塞或环境温度过高时，温控元件会自动切断电热管电源。这种取暖器使用功率在800W左右，还可通过增减电热管的接通数量来调节功率。对流式取暖器的安全性较高，运行宁静，缺点是升温缓慢。

（4）电热膜取暖器（见图8-71）。采用全透明高温电热膜为发热材料，在

图8-68　电热汀取暖器

图8-69　暖风机

图8-70 对流式取暖器

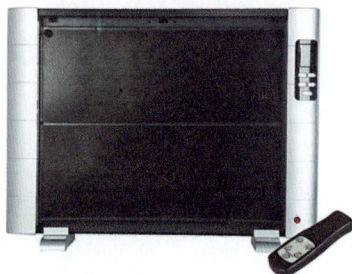

图8-71 电热膜取暖器

工艺上处于世界先进水平。采用热风道结构，传热方式为强化对流，热启动速度快，出风温度3分钟内可达100℃以上，但断电后会迅速冷却。由于电热膜加热时是自身无氧化，使用寿命可在10万小时，同时具有体积小、造型美观等特点，属于取暖器一族的换代产品。虹吸管热管暖风机是今年新出现的一种取暖器，它采用"两相闭式热虹吸管"为热源，升温快，热效率高。工作时不发光、无明火、不怕水淋和水蒸气腐蚀，适合普通房间和浴室使用，售价400元左右。

（5）高温超导热霸。靠加热超导热油产生热量，利用风机传递热量，适合在会客室、浴室使用，售价较高。

2. 取暖器的选购与鉴别

（1）挑选时将不同取暖器放在同一水平线上，在每一个取暖器前后1m处各放置一支温度计预备测温，分别记录开机前、开机5分钟及开机30分钟后不同温度计显示的温度，然后进行比较，即可选出热效率高的取暖器。目前市场上有部分产品的热效率可达到97%，可以说

是相当高的了。

（2）如果选择浴用取暖器，应选用快速高效取暖器，并要求取暖器防水、防淋溅。防溅型的取暖器在其产品铭牌上应有三角形中有一滴水为图案的标志。不具防水功能的产品一定不要放在浴室中使用，以免发生意外。

（3）取暖器的电源必须使用合格的、带地线的三孔插座，否则会有漏电的危险。由于取暖器功率较大，不宜与大功率的电器同时使用，否则容易损坏取暖器。

（4）取暖器的使用寿命是消费者在购买取暖器时应当注意的一个问题。以小暖阳式取暖器为例，有些知名品牌如美的小暖阳因为使用了"X形"铝制发热体，使用寿命延长了许多。

（5）功能是否齐全是需要注意的一个问题。在这方面，许多取暖器品牌做得都不错，以美的壁挂暖风机为例，此暖风机可以台式、壁挂两用，也可在浴室中使用，此外，此暖风机还有电子遥控功能，即使行动不便的老人也可以远距离操作自如。

（6）插座不能位于取暖器正上方，以防热量上升烧烫电源。当居室中无人

时，一定要把取暖器电源拔掉。

（7）售后服务也是消费者应关注的一个重要问题。一般来说知名度较大的品牌，售后服务做得相对较好，以美的取暖器为例，其具有强大的全国性售后服务网络，有近千家售后服务网点为客户提供无忧的售后服务。

8.1.9　地漏

地漏是连接排水管道与室内地面的接口材料，是厨房、卫生间、阳台中排水的重要器具。地漏的好坏直接影响住宅室内的空气质量，优质的产品能够有效去除室内异味（见图8-72～图8-75）。

1. 地漏的规格

优质地漏具备排水快、防臭味、防堵塞、免清理等优良性质。其中防臭地漏带有水封，这是优质产品的重要特征之一，水封深度可达50mm。侧墙式地漏、带网框地漏、密闭型地漏一般不带水封。防溢地漏、多通道地漏大多数带水封，选用时应该根据安装部位来选择。对于不带水封的地漏，应该在地漏排出管处制作存水弯。地漏的规格一般为80mm×80mm，带水封的不锈钢地漏价格为20～30元/件，高档品牌的产品可达50元/件以上。

2. 地漏的鉴别

（1）选购地漏时要注意识别质量，识别与保养方法与水龙头相当。地漏的使用效果主要与安装方式相关。

（2）卫生间、厨房的干区地漏可以

图8-72　地漏（1）

图8-73　地漏（2）

图8-74　洗衣机地漏

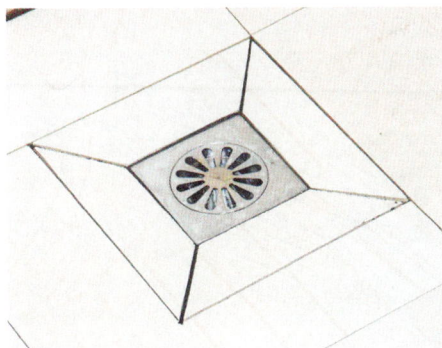
图8-75　地漏安装

设置在不显眼的位置，因为地面不会有太多积水。卫生间的湿区（如淋浴区）为了要保证下水通畅，应当安装在地面中央醒目的位置，地漏的上表面须低于地砖表面5mm左右，周边地砖铺贴应向地漏中心倾斜，坡度为2%左右。

（3）安装时要避免破坏防水层，避免杂物落入排水管造成阻塞。安装地漏应该尽量使用水泥材料，而避免使用玻璃胶，防止固定不牢固。

8.1.10 挂架

卫浴挂架，一般是指安装在卫生间、浴室墙壁上，用于放置或挂晾清洁用品、毛巾衣物的产品，一般为五金制品。包括：衣钩、单层毛巾杆、双层毛巾杆、单杯架、双杯架、皂碟、皂网、毛巾环、毛巾架、化妆台夹、马桶刷、浴巾架、双层置物架等。

1. 挂架的种类

（1）不锈钢（见图8-76）。属于中低档产品。不锈钢的防锈性能好，但因为不锈钢很难焊接，金属加工性能也很差，所以只能进行简单的加工，产品款式比较单一和呆板。

（2）锌合金（见图8-77）。属于低档产品。因为锌合金金属加工性能很差，不能进行冲压成型加工，一般只能浇筑造型，所以底座一般比较笨重，款式比较陈旧。另外浇筑的产品，表面光洁度很差，所以电镀性能不好，镀层比较容易脱落，属于比较低档的挂架产品。

（3）铝合金（见图8-78）。中低档材料。表面一般是氧化或拉丝处理，不能电镀，所以只能买到亚光的产品，亚光产品最大的问题就是难以清洁。铝合金产品质量很轻，抗弯性能也不是很好。

（4）铜合金（见图8-79）。铜合金是目前最好的挂架材料，尤其以环保铜为最高档的材料。铜因为其珍稀性和保值性以及良好的金属加工性能，自古至今都是很多家居用品的首选材料。尤其是H59、H62环保铜，因为其对电镀层良好的附着性，产品电镀后光洁度非常好，附着力非常强，可以确保5年以上的良好电镀效果。另外合金铜有良好的金属加工性能，可以根据不同的模具冲压成不同的产品形状，在产品造型上有更大的突破和

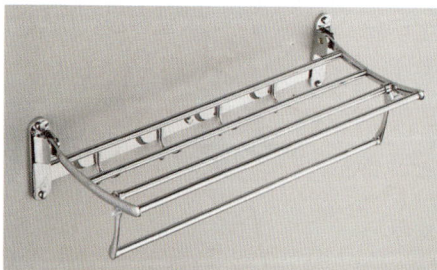

图8-76 不锈钢挂架

图8-77 锌合金挂架

图8-78　铝合金挂架

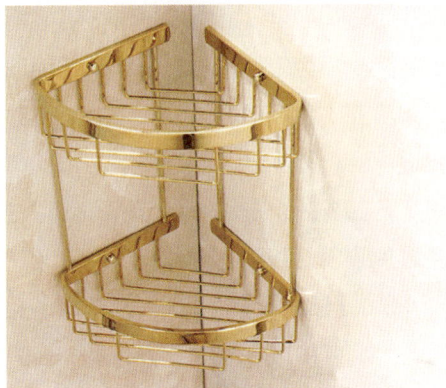
图8-79　铜合金挂架

创新。

2. 挂架的选购

（1）看配套。要与自己配置的卫浴三件套浴缸、马桶、台盆的立体格调相配套，也要与水龙头的造型及其表面镀层处理相吻合。

（2）看材质。卫浴配件用品既有铜质的镀塑产品，也有铜质的抛光铜产品，更多的是镀铬产品，其中以钛合金产品最为高档，再依次为铜铬产品、不锈钢镀铬产品、铝合金镀铬产品、铁质镀铬产品乃至塑质产品。选购时注意鉴别。

（3）看镀层。挂架用品的框架表面镀层，如今除少数采用镀塑外，大多采用抛光铜处理，更多的是采用镀铬处理。在镀铬产品中，普通产品镀层为20μm厚，时间长了，里面的材质易被空气氧化，而做工讲究的铜质镀铬镀层为28μm厚，其结构紧密，镀层均匀，使用效果好。

（4）看风格。要与自己的装修风格相融合。比如现代简约风格的装修应该选用银色表面的简洁挂件，而欧式或者田园风格就应该选用古典风格的古铜色或青铜色挂件，风格搭配得当，能使挂件完全融入到卫浴空间中，营造出舒适典雅的卫浴环境。

（5）看实用性。要根据你的生活习惯来考虑你需要安装几个挂件，如果你同时用很多种洗发水、很多种淋浴露，那估计一个置物篮是不够用的，如果只装了一个东西就放不下了就很麻烦了。根据卫生间的大小来确定挂件的尺寸。通常挂件的尺寸都是差不多，比如毛巾杆，差不多都在60cm左右。

还要重点考虑的就是位置了，如果你的卫生间很小，你就不能把毛巾杆安在淋浴的旁边，这样洗澡的时候动来动去很容易碰到，为了方便又为了最大化地保持淋浴的空间，我们可以把置物篮安装在这个空间，这样能保证洗澡的时候伸手就能够着，至于毛巾杆，就可以放到离淋浴区域稍微远一点的地方，这样还有一个好处就是你洗澡的时候不会把家人的毛巾也弄湿了，可以保证卫生。

而马桶刷和纸巾架可以分别安在马桶的两侧，马桶刷稍微低一点都可以，而纸巾架就应该是坐在马桶上伸手就能够着的高度，至于双层毛巾架或者是挂衣服的钩子，就应该安装在角落里，这样既可以避免碰头也可以保证衣物不被打湿。

3. 挂架的鉴别

（1）好的涂层细腻发亮，有一种润泽感，而劣质的涂层则光泽暗淡（见图8-80）。

（2）好的涂层非常平整，而劣质的涂层仔细看会发现表面有波浪状的起伏。还有些劣质产品表面还有凹陷，这种就肯定不能购买。

（3）好的涂层比较耐磨，你去仔细观察那些商家出的样品，同样每天擦拭，好的产品表面基本不会磨损（见图8-81）。

8.1.11 排水软管

软管是现代工业中的重要部件。软管主要用作电线软管、民用淋浴软管，规格为3～150mm。排水软管主要是指用塑料或金属制成的软管，多用于排水（见图8-82和图8-83）。螺帽样式多样，材料为铜或不锈钢。接头样式设计先进，有固定型和360°旋转型，材料为铜或不锈钢。结构样式牢固，通过抗压、抗拉、抗扭测试。长度一般为1.2m、1.5m、1.8m、2m。软管规格是14mm、16mm、17mm，表面处理一般为电解、电镀。

排水软管的优点如下：

（1）节距之间灵活。

（2）有较好的伸缩性，无阻塞和僵硬（见图8-84）。

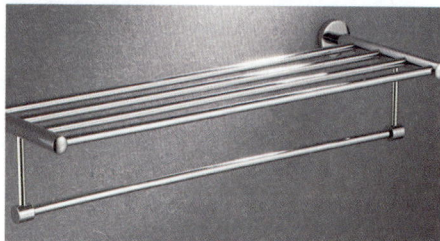
图8-80　涂层发亮挂架

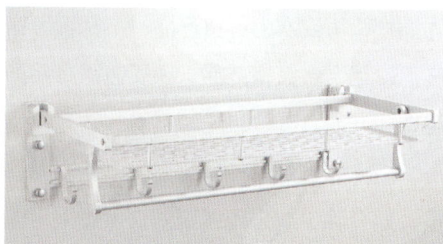
图8-81　无磨损挂架

图8-82　塑料排水软管（1）

图8-83　塑料排水软管（2）

（3）质量轻、口径一致性好。

（4）柔软性、重复弯曲性、绕性好。

（5）耐腐蚀性、耐高温性好。

（6）防鼠咬、耐磨损性好，防止内部电线受到磨损。

（7）耐弯折，抗拉性、抗侧压性强。

（8）柔软顺滑、易于穿线安装定位（见图8-85）。

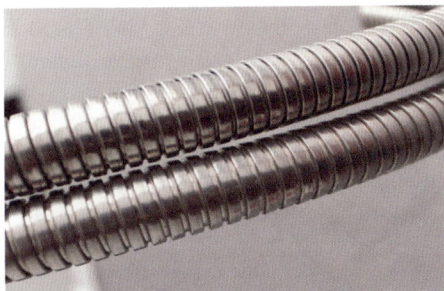

图8-84　不锈钢排水管

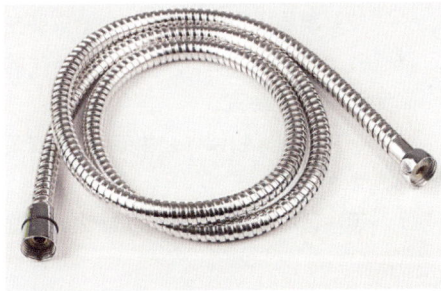

图8-85　花洒排水软管

小安给你来总结

合格的淋浴房均采用钢化玻璃，如果使用普通玻璃制作淋浴房，玻璃一旦损坏，玻璃破片呈大面积大体积破片，对人体会造成极大的伤害。虽然全钢化也可能发生自爆，但爆裂后的碎片大小完全控制在国家标准范围内，如果选用半钢化，碎片过大会对人体造成严重伤害。同时，淋浴房玻璃需要五金件夹固，半钢化玻璃由于坚固度明显下降，不但不能降低自爆率，反而在五金件的紧固作用下会增加自爆的可能性。

由于钢化玻璃自爆是其固有特性，理论上不能排除这种可能性，因此可以选用防爆膜，或采用防爆夹胶玻璃，以降低对人体的伤害。

挂架

（1）浴巾架。主要装在浴缸外边，离地约1.8m。上层放置浴巾，下管可挂毛巾。

（2）双杆毛巾架。可装在卫生间中央部位空旷的墙壁上。单独安装时，离地约1.5m。

（3）单杆毛巾架。可装在卫生间中央部位空旷的墙壁上。离地约1.5m。

（4）单杯架、双杯架。一般装在洗脸台双侧的墙壁上，与化妆架成一条线。多用于放置牙刷和牙膏。

（5）马桶刷。多装在马桶后侧方的墙壁上，杯底离地约100mm。

（6）肥皂网、肥皂烟灰缸。多装在

洗脸台双侧的墙壁上，与化妆台成一条线。可与单杯架或双杯架组合在一起。肥皂网也可以装在浴室的内墙上，以方便沐浴。肥皂烟灰缸多装在靠近马桶的一侧，方便掸烟灰。

（7）单层置物架（化妆架）。安装在洗脸台上方、化妆镜的下部。离脸盆的高度以300mm为宜。

（8）双层置物架（化妆架）。多安装在洗脸台双侧。

（9）衣钩。可安装在浴室外边的墙壁上，离地应在1.7m的高度。用于在沐浴时挂放衣服。也可多个衣钩组合在一起使用。

（10）墙角玻璃架。主要安装在洗衣机上方的墙角上，架面与洗衣机的间距以35cm为宜。用于放置洗衣粉、肥皂、洗涤剂之类。也可安装在厨房内的墙角上，放置油、酒等调味品。可视空间位置组合安装多个墙角架。

（11）纸巾架。安装在马桶侧，用手容易够到，且不太明显的地方。一般以离地60cm为宜。

8.2 灯具

小安谈家装

在家装中，灯具不仅是一个装饰性的产品，更是一个实用性的产品。我们挑选灯具的时候要记住，要求它既符合我们住宅的家装风格，也要达到照明的效果。不能本末倒置。

在选购电路线材的同时多会考虑灯具，在装修前应该预先规划好灯具的布局与种类，列出采购清单，配合电路线材一同采购。以下介绍常用灯具产品，在选购时供参考。

8.2.1 白炽灯

白炽灯是常用的照明器具，它是将灯丝通电加热到白炽状态，利用热辐射发出可见光的电光源（见图8-86和图8-87）。

白炽灯的灯泡外形有圆球形、蘑菇形、辣椒形等，灯壁有透明与磨砂两种，底部接口多为螺旋形，接口有大、小两种规格。常用白炽灯的功率有5W、10W、15W、25W、40W、60W等，其中25W的普通白炽灯价格一般为3～5元/个。

施工时，白炽灯的安装位置应该保持相对空旷，安装完毕后，灯泡外壁不应与其他构造接触，避免发热过大而引燃周围物品。

图8-86　透明白炽灯泡

图8-87　磨砂白炽灯泡

8.2.2　荧光灯

荧光灯又称低压汞灯，它是利用低气压的汞蒸气在放电过程中辐射紫外线，从而使荧光粉发出可见光，从外形上主要可以分为条形、U形、环形等种类（见图8-88～图8-90）。不同荧光粉发出的光线也不同，因此，荧光灯有白色与彩色等多种产品。荧光灯的发光效率远比白炽灯和卤素灯高，是目前最节能的环保光源。

条形荧光灯主要分为T2、T3、T4、T5、T6、T8、T10、T12等多种型号，其功率从6～125W不等。其中长600mm的T4型荧光灯管价格为15～20元/个。荧光灯品种繁多，选购时应该选择品牌、知名度较好且市场占有率较高的产品。

安装荧光灯时，灯具带电体不能外露，装入灯座后，人的手指应不能触及带电的金属灯头（见图8-91）。

图8-88　条形荧光灯

图8-89　U形荧光灯

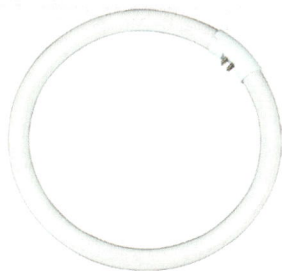

图8-90　环形荧光灯

图8-91　荧光灯安装

8.2.3　LED灯

LED灯也称发光二极管，是一种能够将电能转化为可见光的半导体，它的基本结构是一块电致发光的半导体材料，置于一个有引线的架子上，四周用环氧树脂外壳密封，起到保护内部芯线的作用。LED灯属于新型节能环保产品（见图8-92～图8-95）。

LED灯点亮无延迟，响应时间快，抗震性能好，无汞毒害，发光纯度高，光束集中，体积小，无灯丝结构因而不发热、耗电量低、寿命长，正常使用在6年以上，发光效率可达90%。LED灯使用低压电源，供电电压在6～24V，耗电量低，所以使用更为安全。目前，LED灯的发光色彩不多，发光管的发光颜色主要有红色、橙色、绿色（又可细分黄绿、标准绿和纯绿）、蓝色、白色等。另外，有的发光二极管中包含2～3种颜色的芯片，可以通过改变电流强度来变换颜色，如小电流时为红色的LED，随着电流的增加，可以依次变为橙色、黄色，最后为绿色，同时还可以改变环氧树脂外壳的色彩，五光十色。

LED灯的具体规格根据实际空间进行选择，常用的LED灯额定功率是3.6～14.4W/m，单色LED灯带的价格一般为10～15元/m。筒灯或射灯造型的LED灯价格一般为20～50元/个。

施工时特别注意，任何LED灯都要配置镇流器，发光二极管外部不能接触任何灯罩等材料，否则会因灯体过热而引燃周围物体。

图8-92　LED软管灯带

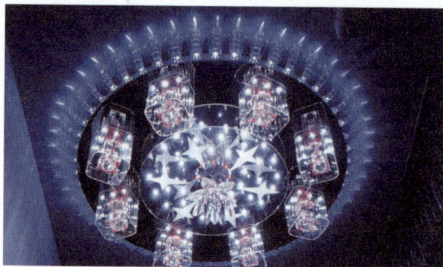
图8-93　LED吊灯

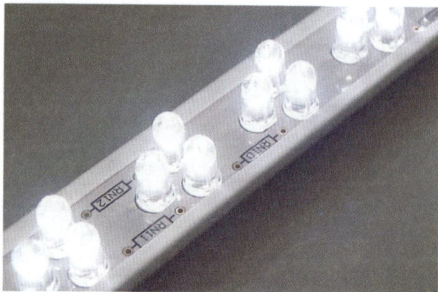
图8-94　LED灯带

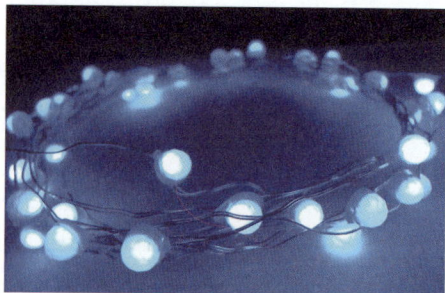
图8-95　LED装饰灯

灯具的选购方法

（1）观察外观。购买灯具时应该仔细查看灯具上的标识信息是否齐全，如品牌、产地、商标、型号、额定电压、额定功率等，判断其是否符合使用要求，如果超出额定功率很有可能发生危险（见图8-96和图8-97）。

（2）防触电保护。注意灯具是否具备防触电保护功能，当灯具通电后，人应该触摸不到带电部件，不会存在触电危险。如果买的是白炽灯，将灯泡装上去后，在不通电情况下，若小手指触摸不到带电的部件，则说明其防触电性能是符合要求的。灯具上使用的导线最小截面面积为0.5mm^2，有的厂家为降低成本，全部导线均为0.5mm^2，这样就有

可能引起电线烧焦、绝缘层烧坏后发生短路，甚至发生危险。购买时应该仔细查看灯具内不同导线绝缘层上的文字信息，确定导线是否符合安全标准。

（3）关注灯具的结构。仔细观察灯具的结构，尤其关注导线经过的金属管出入口处的状态，应该无锐边，以免管口割破导线，造成金属件带电，产生触电危险。台灯、落地灯等可移动式灯具在电源线入口应该有导线固定架，其作用是防止电源线扭动时触及发热元件而导致危险。购买的灯具一般为分解状态，无法看出各部件之间的连接构造，但是可以关注灯具上各配件的生产工艺，看其是否精致，这也是决定灯具品质的关键（见图8-98和图8-99）。

图8-96　观察外观

图8-97　查看标识

图8-98　关注结构（1）

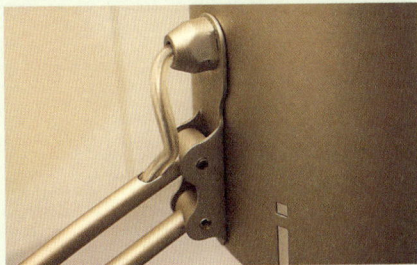

图8-99　关注结构（2）

第9章 成品构造细节定品质

　　成品构件是家居装修后期安装工程的重点，主要包括卫生洁具、成品设备、成品门窗3类。成品构件的门类、品牌繁多，在选购时往往令人不知所措。除了关注各种构件的外观、样式，还要注重产品质量，在安装之前就要正确识别各种构件的品质，避免安装以后才发现上当受骗。

　　关键词：构造　细节　品质

9.1 橱柜

选购橱柜的基本要求是它能够把厨房内的能源、上下设施合理地结合在一起。既完成了烹饪的工作，又同时具备美化厨房环境的功能，达到对人体无害的标准。

橱柜又称厨房家具，是家居厨房内集烹、洗、储物、吸油烟等功能于一体的成品设备。整体橱柜主要有地柜、吊柜、高柜3大类，其功能包括洗涤、料理、烹饪、存储4种。橱柜一般由台面、门板、柜体、电器、水槽、五金配件构成（见图9-1和图9-2）。中档整体橱柜的价格一般为2000～3000元/m。

9.1.1 基础板材

橱柜的门板样式繁多，是判定橱柜品质的根本，橱柜的柜体多采用中密度防潮纤维板制作，而门板经常开关使用，在材料与品质上存在很大差异。

1. 实木制作橱柜门板

实木制作橱柜门板，多为古典风格，通常价位较高。实木门又分为实木芯板门与实木贴皮门，一般门框都为实木，以樱桃木色、胡桃木色、橡木色为主（见图9-3）。门芯为中密度板贴实木皮或实木门芯，制作中一般将实木表面加工成凹凸造型，外部喷漆，从而保持了原木本色且造型优美。这样既能保证实木的特殊视觉效果，边框与芯板组合又能保证门板强度。

2. 覆面型门板

覆面型门板应用最普及，在中密度防潮纤维板的表面涂覆胶粘剂后，将各

图9-1 整体橱柜（1）

图9-2 整体橱柜（2）

种装饰板、贴纸粘贴在门板表面，周边采用塑料、金属边框进行密封装饰（见图9-4）。覆面型门板表面色彩、造型丰富，不开裂不变形，耐划、耐热、耐污、防褪色，是最成熟的橱柜门板，而且日常维护简单。较高档的橱柜还采用金属板或仿金属板，具有极好的耐磨、耐高温、抗腐蚀性。

3. 烤漆门板

烤漆门板是以密度板为基础，在表面经过6次油漆喷涂，并经过高温烤制而成（见图9-5）。烤漆板的特点是色泽鲜艳易于造型，具有很强的视觉冲击力，非常美观时尚且防水性能极佳，抗污能力强，易清理。但是价格较高，怕磕碰与划痕，一旦出现损坏就很难修补，要整体更换，在油烟较多的厨房中易出现色差。烤漆门板的内部一般仍为普通覆面装饰层（见图9-6）。

9.1.2 柜门饰面板材

饰面板，是将天然木材刨切成一定厚度的薄片，粘附于胶合板表面，然后热压而成的一种用于室内装修或家具制造的表面材料（见图9-7和图9-8）。

1. 饰面板的规格

饰面板最薄的只有0.3mm，厚的也不过2~3mm。常见木皮的色彩从浅到深有樱桃木、枫木、白桦、红榉、水曲柳、白橡、红橡、柚木、花梨木、胡桃

图9-3 实木门板

图9-4 覆面门板样本

图9-5 烤漆门板样本

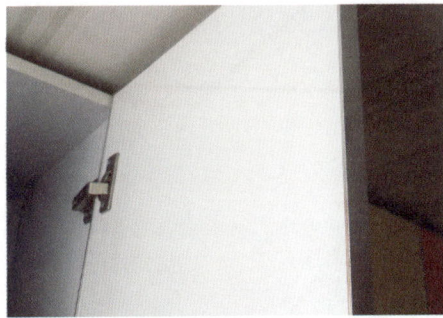
图9-6 门板内部

图9-7 柜门饰面板材（1）

图9-8 柜门饰面板材（2）

木、白影木、红影木等数十个品种，价格不菲。饰面板采用的材料有石材、瓷板、金属、木材，等等。

2. 饰面板的鉴别

（1）表皮厚度（见图9-9）。看贴面板的薄厚程度，越厚的性能越好，油漆后实木感越真，纹理也越清晰，色泽鲜明，饱和度好。

（2）看板的边缘有无沙透，板面有无渗胶，涂水实验有无泛青现象，如果存在上述问题，则属于面板皮较薄的饰面板。

（3）可以根据板面纹理的清晰度和排布来分等级，纹理清晰、色泽协调的为优，色泽不协调、出现有损伤的面板

的规则色差，甚至有变色、发黑者则要依其严重程度分为一等、合格或者不合格产品。

（4）看是否翘曲变形，能否自然平放（见图9-10）。如果发生翘曲或板质松软不挺拔、无法竖立，则为劣质底板。

（5）由于贴面板自身的一些特点，其质量问题的显现需要一定的时间，所以在选购时要看经销商的经营实力和售后服务保障。

9.1.3 橱柜台面

橱柜的台面追求平整、坚固，由以往的天然石材逐渐转变为人造石材或不锈钢板。

图9-9 饰面板厚度

图9-10 自然平放饰面板

1. 人造石材台面

人造石材主要有石英石与普通人造石两种，石英石台面是利用碎玻璃与石英砂制成，优点是耐磨不怕刮划，不受污染，耐热好，无毒无辐射，可大面积铺地贴墙，拼接缝不明显，经久耐用，但是石英石台面硬度太强，不易加工，形状过于单一，且价格较高（见图9-11）。人造石台面应用最广，具有耐磨、耐酸、耐高温、抗冲、抗压、抗折、抗渗透等优势，其变形、黏合、转角等部位的处理精致，无任何接缝，表面无孔隙，油污、水渍不易渗入其中，因此抗污力强（见图9-12）。人造石台面可任意长度无缝粘接，同材质的胶粘剂将两块人造石台面粘接后打磨，浑然一体。但是人造石台面比较容易断裂，硬度不高，品种质量参差不齐，不易分辨好坏。

2. 不锈钢台面

不锈钢台面光洁明亮，各项性能较为优秀，一般是在高密度防火板的表面再加1层1mm厚的不锈钢板，坚固且易于清洗，实用性较强（见图9-13和图9-14）。但是视觉效果较硬，在橱柜台面的转角部位与各结合部缺乏合理的、有效的处理手法。不锈钢台面适用于经常从事烹饪的家庭。

图9-11 石英台台面

图9-12 人造石台面

图9-13 不锈钢台面

图9-14 不锈钢台面

9.1.4 五金件

五金配件主要包括铰链、滑轨、拉手、压力装置等，直接影响整体橱柜的综合质量。

1. 拉手

拉手是安装在门窗或抽屉上便于用手开关的五金件，方便操纵（开、关、吊）门窗或抽屉。在家居装修中主要用于家具、门窗的开关部位，是必不可少的功能配件，为了与家具配套，拉手的形状、色彩更是千姿百态（见图9-15和图9-16）。现在主流产品多为不锈钢或铝合金材料，高档铝合金拉手要经过电镀、喷漆或烤漆工艺，具有耐磨与防腐蚀特性，拉手除了要与家居装饰风格相吻合外，还要能够承受较大的拉力，一般拉手要能承受大于6kg的拉力。

拉手在选配时必须注意家具的款式、功能与摆放环境，拉手与家具的关系或是醒目，或是隐蔽。如果家具空间面积较大，可以选购明装拉手（见图9-17），如果面积较小，且以功能使用为主，可以选用暗装拉手（见图9-18），但是以不妨碍使用为妥。应特别注意观察拉手的面层色泽及保护膜，有无破损及划痕。各种不同样式的拉手在安装时，需要使用不同规格直径的电钻头提前钻孔。

2. 铰链

铰链又称合页，是指用来连接两个装修构件，并允许二者之间进行转动的机械装置（见图9-19）。

铰链种类主要有如下几种：

（1）家具铰链。在家具制作中使用最多的是家具与柜门之间的弹簧铰链，

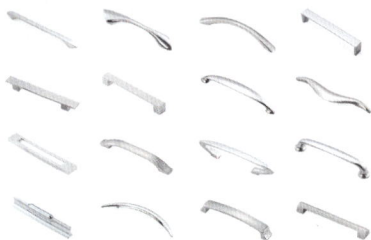

图9-15 家具拉手（1）

图9-16 家具拉手（2）

图9-17 明装拉手

图9-18 暗装拉手

图9-19　柜门铰链（1）

图9-20　柜门铰链（2）

又称烟斗铰链（见图9-20）。它具有开合柜门与扣紧柜门的双重功能，主要用于家具门板的连接，它一般要求板材的厚度为16~20mm。铰链材质有镀锌铁、锌合金。家具铰链附有调节螺钉，可以上下、左右调节板的高度、厚度。

　　家具铰链的特点是可以根据空间，配合柜门的开启角度。除了完全开启90°~115°外，30°、45°、60°等均有锁定点，使各种柜门有相应的伸展度。铰杯深度为11.5mm左右，铰杯直径为35mm左右，杯孔距离为48mm。

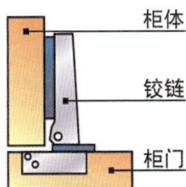

图9-21　全遮铰链

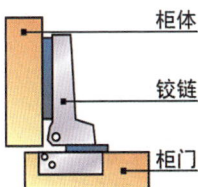

图9-22　半遮铰链

家具铰链有全遮、半遮、内藏等3种形式。全遮又被称为直弯，安装后家具门板全部覆盖住柜侧板，两者之间有一个间隙，以便柜门可以畅顺地打开（见图9-21）。半遮又被称为中弯，当两扇门共用一个侧板时，每扇门的覆盖距离应相应地减少，需要这种铰链保留间隙（见图9-22）。内藏又被称为大弯，当需要柜门关闭后停于柜内时，就要采用这种铰臂非常弯曲的铰链（见图9-23）。

　　（2）门扇铰链。普通门扇铰链主要用于窗、门、橱柜门等，材质有铁、铜与不锈钢等多种，其中以纯不锈钢材料为佳（见图9-24和图9-25）。普通扇面铰链的缺点是不具有弹簧铰链的功能，安装合页后必须再装上各种碰珠，否则风会吹动门板。

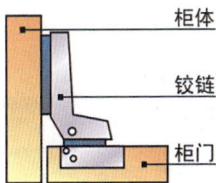

图9-23　内藏铰链

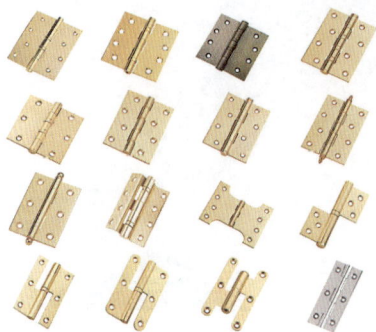

图9-24 门扇铰链（1）

图9-25 门扇铰链（2）

普通门扇铰链的外观规格标准为100mm×30mm与100mm×40mm，中轴直径为11～13mm，合页壁厚为2.5～3mm。用于防盗门的扇面铰链还有轴承型产品，现在以选用铜质轴承铰链的较多，样式美观、亮丽，价格适中，并配备螺钉。

（3）液压铰链。液压铰链是利用液体（液压油）的缓冲性能制作的一种铰链，缓冲效果非常理想，适用于对噪声控制有要求的室内外空间、门窗等，也可以用于高档家具门板（见图9-26和图9-27）。液压铰链主要包括支座、门盒、缓冲器、连接块、连杆与扭簧，缓冲器又包含活塞杆、壳体、活塞，在活塞上设有通孔，活塞杆带动活塞移动时，液体通过通孔可以从一边流向另一边，从而起到缓冲作用。缓冲液压铰链因而具有人性化、柔顺无声、不易夹伤人的特点。

工艺成熟的厂家所生产的产品在外观上都会比较注意，线条表面的处理会比较好，除了一般性的刮花外，不会有很深的挖伤痕迹。液压铰链安装后关门的速度均匀，仔细观察缓冲液压铰链是否开合时有卡的感觉，如果听到有异声，或快慢速度相差太大，则不能选用。在日常使用中，要避免铰链受到外界撞击、破坏，应定期检查，防止液压油泄漏。

图9-26 液压铰链（1）

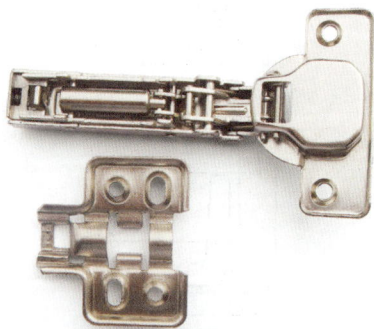

图9-27 液压铰链（2）

此外，市场上还有其他种类的扇面铰链，如玻璃门铰链（见图9-28）、翻门铰链（见图9-29）等。其中玻璃铰链用于安装在无框玻璃橱门上，要求玻璃厚度应小于等于6mm。

为了在使用时开启轻松无噪声，应选铰链中轴内含滚珠轴承的产品，安装铰链时应该选用配套螺钉。施工完毕后，除了目测、手感铰链表面平整顺滑外，还要注意复位性能，可以将铰链打开95°，用手将铰链两边用力按压，观察支撑弹簧片是否变形或发生折断，十分坚固的为质量合格的产品。

3．滑轨

滑轨为装修家具、构造的配套产品，主要分为轨道与滚轮两个组成部分，两者既有分离，又有合并，是家具抽屉或柜门、房间推拉门或折扇门等构造的开关装置。不同门扇的滑轨滑轮形式均有不同。

常见的滑轨有如下几种：

（1）抽屉滑轨。抽屉滑轨是用于各种家具抽屉的开关活动配件，多采用优质铝合金、不锈钢制作。抽屉滑轨由动轨与定轨组成，分别安装在抽屉与柜体内侧两处（见图9-30）。新型滚珠抽屉导轨分为二节轨、三节轨两种（见图9-31）。

抽屉滑轨常用规格长度有300mm、350mm、400mm、450mm、500mm、

图9-28 玻璃门铰链

图9-29 翻门铰链

图9-30 滚轮滑轨

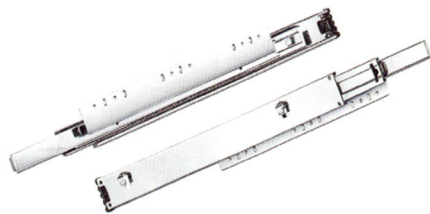
图9-31 滚珠滑轨

550mm，价格为10~50元/套。

选购抽屉滑轨时，首先，观察外表油漆与电镀质地是否光亮，承重轮的间隙是否紧密，它决定着抽屉的灵活度。然后，应该挑选耐磨及转动均匀的承重轮，抽屉能否自由顺滑地推拉，全靠滑轨的承重轮支撑。接着，从滑轨的材料、结构、工艺等方面综合判定产品质量，其中滑轨轨道材质不一，滑轨多为合金质地，高档产品为不锈钢或铜质，而且有普通型与加厚型之分。最后，注重滑轨的轴承与外轮，外轮多为尼龙纤维或全铜质地，铜质滑轮较结实，但拉动时有声音，尼龙纤维质地的滑轮拉动时没有声音，但不如铜质滑轮耐磨。高档品牌的滑轮上还装有防跳装置与磁铁，使用上更为安全。

（2）推拉门滑轨。推拉门滑轨是带凹槽的导轨，主要供梭拉门、窗运动的开关使用。推拉门滑轨是由滑轨道（见图9-32）与滑轮（见图9-33）组合安装于梭拉门上方的活动构件，滑轨道厚重，滑轮粗大，可以承载各种材质门扇的重量。滑轨道一般采用铝合金、塑钢材料制作，配合吊轮使用。铝合金型材应用比较普遍，塑钢型材在使用中所产生的摩擦噪声相对较低。滑轮一般采用铜或铝合金为原材料，与30mm滑轨配套使用，并在滚轮上包裹橡胶，在使用中能降低噪声（见图9-34和图9-35）。

推拉门滑轨常用于衣柜门、梭拉门等。滑轨单根型材的长度规格为1.2~3.6m，截面边长30mm，壁厚1.5mm以上。滑轨的价格为10~30元/m，吊轮的滚轮数量一般为双数，如2、4、6、8等，价格为20~50元/个。

图9-32　滑轨道

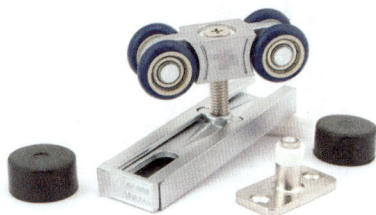

图9-33　滑轮

图9-34　推拉门滑轨（1）

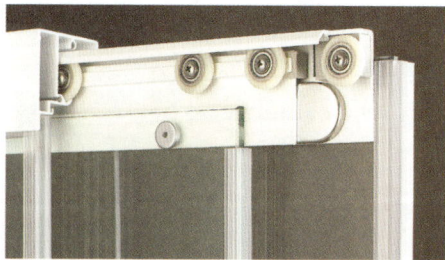

图9-35　推拉门滑轨（2）

9.1.5 胶粘剂

1. 云石胶

云石胶基于不饱和聚酯树脂，适用于各类石材间的粘结或修补石材表面的裂缝和断痕，常用于各类型铺石工程及各类石材的修补、粘接定位和填缝（见图9-36和图9-37）。云石胶分为环氧树脂和不饱和树脂两种原料制作，不饱和树脂制作的云石胶可以在潮湿的环境中固化，效果也很好。

云石胶的优点如下：

（1）云石胶性能的优良主要体现在硬度、韧性、快速固化、抛光性、耐候、耐腐蚀等方面。

（2）石材行业的云石胶触变性强，柔滑细腻，不带胶，拉出的胶线长。

（3）耐候性强，不黄变。耐水煮性强，云石胶固化24小时后，水浸泡10小时，然后沸水蒸煮5小时，仍然保持强劲的粘结力。

2. 玻璃胶

玻璃胶粘剂是专用于玻璃、陶瓷、抛光金属等表面光洁材料的胶粘剂，由于应用较多，也是一种家居常备胶粘剂。玻璃胶粘剂的主要成分为硅酸钠、醋酸、机性硅酮等。

（1）玻璃胶的种类。市场上常见的是单组份硅酮玻璃胶，按性质又分为酸性胶与中性胶两种（见图9-38和图9-39）。酸性玻璃胶主要用于玻璃和其他材料之间的一般性粘接，粘接范围广，对玻璃、铝材、不含油脂的木材等都具有优异的粘接性，但是不能用于粘接陶瓷、大理石等。中性胶克服了酸性胶易腐蚀金属材料、易与碱性材料发生反应的缺点，因此适用范围更广，可以用于粘结陶瓷洁具、石材等。此外，还有中性防霉胶，是目前家装的应用趋势，防霉效果较好，耐候性更强，粘接更牢固，不易脱落，特别适用于一些潮湿、容易长霉菌的环境，如卫生间、厨房等，其市场价格比酸性胶要高。硅酮玻璃胶有多种颜色，常用颜色有黑色、瓷白、透明、银灰、灰、古铜等6种。

（2）玻璃胶的用途。玻璃胶粘剂主要

图9-36 云石胶（1）

图9-37 云石胶（2）

图9-38　硅酮玻璃胶（1）

图9-39　硅酮玻璃胶（2）

用于干净的金属、玻璃、抛光木材、加硫硅橡胶、陶瓷、天然及合成纤维、油漆塑料等材料表面的粘接，也可以用于光洁的木线条、踢脚线背面、厨卫洁具与墙面的缝隙等部位。玻璃胶粘剂常用规格为每支250ml、300ml、500ml等，其中中性硅酮玻璃胶500ml价格为10～20元/支。

（3）玻璃胶的鉴别。选购玻璃胶粘剂要注意品牌，用量不大，一般应选用知名品牌产品。在施工时应使用配套打胶器（见图9-40），并可用抹刀或木片修整其表面。硅酮玻璃胶的固化过程是由表面向

内发展的，不同特性的玻璃胶粘剂表干时间和固化时间都不尽相同，所以若要对其表面进行修补必须在玻璃胶粘剂表干前进行。酸性胶、中性透明胶一般为5～10分钟内，中性彩色胶一般应在30分钟内。玻璃胶的固化时间是随着粘接厚度增加而增加的，如涂抹12mm厚的酸性玻璃胶，可能需3～4天才能完全凝固，但约24小时左右就会有3mm的外层固化。玻璃胶粘剂未固化前可用布条或纸巾擦掉，固化后则须用美工刀刮去或用二甲苯、丙酮等溶剂擦洗（见图9-41）。

图9-40　打胶器施工

图9-41　硅酮玻璃胶粘剂封闭边缘

整体橱柜的鉴别

（1）观察板材的封边。优质橱柜的封边细腻、光滑、手感好，封线平直光滑，接头精细（见图9-42）。

（2）观察板面打孔，现在的板式家具都是组装构造，孔位的配合与精度会影响橱柜箱体的结构牢固性（见图9-43）。

（3）观察门板。大型企业通过电脑输入加工尺寸，由电脑控制选料尺寸精度，一次能加工成若干张板，设备的性能稳定，开出的板材尺寸精度非常高（见图9-44）。

（4）观察整体橱柜的五金配件。五金配件直接影响橱柜质量，由于孔位与尺寸误差造成滑轨安装尺寸配合上出现误差，可能会造成抽屉或门板拉动不顺

图9-42　柜门板封边

图9-43　板面打孔

图9-44　门板接缝

图9-45　不锈钢米桶

图9-46　铝合金拉手

图9-47　镀铜拉手

畅（见图9-45～图9-47）。

玻璃胶存放

玻璃胶粘剂应存放于阴凉、干燥处，30℃以下。优质酸性玻璃胶可确保有效保存期12个月以上，一般酸性玻璃胶可保存6个月以上，中性耐候胶可保存9个月以上。如果瓶已打开，应在短期内用完，如果未用完，胶瓶必须密封，再次使用时应旋下瓶嘴，并去除所有堵塞物或更换瓶嘴。

拉手选购

拉手不必十分奇巧，但一定要符合开启、关闭的使用功能，这应该结合拉手的使用频率以及它与锁具的关系进行挑选。拉手要讲究对比，以衬托出锁与装饰部位的美感。拉手除了具有开启与关闭的功能外，还有点缀及装饰的作用，拉手的色泽及造型要与门的样式及色彩相互协调。应用时要确定拉手的材质、牢固程度、安装形式，以及是否有较大的强度，是否经得起长期使用。

9.2 成品门

小安谈家装

现代家居装修多采用成品门窗，安装方便、快捷，质量均衡，样式新颖。我们选购时记住不仅要比较不同种类成品门的特性与区别，还要注意厂家的售后服务，如生产资质证书、产品保修期、施工员安装水平等。

成品房门又称成品木门，在家居装修中用于室内房间安装的成品构造。成品房门结构简单，样式繁多，除门板外，还配有门套、合页、拉手、门锁等配件，安装十分方便，是目前家居装修的主流。市场上成品门的种类很多，按材质类别可以分为以下几种。

9.2.1 实木门

实木门采用致密度较高的原木制作，经过高温脱脂、烘干等工艺将木材的含水率控制在8%～12%，通过拼接制作。实木门厚重结实、环保性能好，方便各种造型，生产时要求原木致密度

图9-48 实木门样式

高，否则容易变形，受原材料限制价格较贵。为了降低成本，还可以将原木加工成指接板门芯，用5~8mm厚的实木面板做饰面，经过冷压工艺制作，门板厚重结实，不容易变形，方便各种造型，环保性能好。价格比全实木门稍低，产品质量主要取决于门芯材料的质量。中档实木门的价格为3000~4000元/套（见图9-48）。

9.2.2 复合门

复合门的内部门芯是实木指接板，外部为3mm厚实木板。这类产品是目前家居装修的主流产品，质量稳定，价格较低。也有一些低价产品中间板芯为实木指接板，表面铺装3mm厚的高密度纤维板，在此基础上表面再铺贴0.2~0.6mm厚的木皮，或涂装油漆。中档复合门的价格为1000~3000元/套（见图9-49）。

9.2.3 模压门

模压门由高密度纤维板冷压而成，外观造型漂亮，不易变形。模压门中间无板芯，只有木质龙骨作为框架，表面由两张纤维板冷压而成，外面贴PVC板，无须涂装油漆。模压门价格低廉，造型品种繁多，价格为600~1500元/套（见图9-50）。

9.2.4 辅料

1. 门锁

门锁就是用来把门锁住以防止他人打开的五金设备，现在主要有机械与电子两类产品。市场上所销售的门锁品种

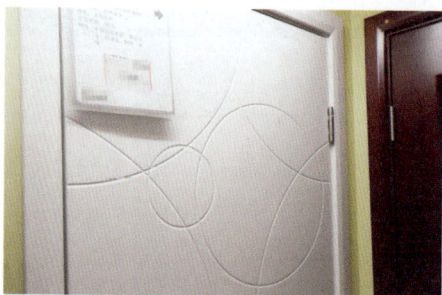

图9-49 复合门

图9-50 模压门

繁多，传统锁具又可分为复锁与插锁两种。复锁的锁体装在门扇的内侧表面，插锁又被称为插芯锁，装在门板内。

（1）金属大门锁。大门锁的锁芯一般为原子磁性材料或电脑芯片，面板的材质是锌合金或不锈钢，舌头有防手撬、防插功能，具有反锁或者多层反锁功能，反锁后从门的外面是无法开启的（见图9-51）。

（2）木质大门锁。木质大门锁一般都具有反锁功能，反锁后外面用钥匙无法开启，面板材质为锌合金，因为锌合金造型多，外面经电镀后颜色鲜艳、平顺光滑，组合舌的舌头有斜舌与方舌，高档门锁能多层次转动，具有反锁方舌，兼顾防盗性与私密性（见图9-52）。

（3）房门锁。房门锁的防盗功能并不是太强，主要要求装饰美观、耐用、开启方便、关门小声，具有反锁功能与通道功能，表面处理随意，把手符合人体力学的设计，手感较好，容易开关门（见图9-53）。

（4）浴室锁与厨房锁。浴室锁与厨房锁更多的作用是装饰、固定门扇位置或随手开关，特点是在内部锁住，在外面可用螺丝刀等工具随意拨开，门锁的材质一般为陶瓷，把手为不锈钢材料（见图9-54）。

门锁的安装要求仔细，避免破坏门体结构，安装前需用不同规格的钻头打孔，然后根据锁具的特征、形式进行安装。门锁不同于常规的五金配件，容易

图9-51 金属大门锁

图9-52 木质大门锁

图9-53　房门锁

图9-54　浴室锁

出现诸多毛病。尤其是门锁，这种高负荷运作的零部件，使用寿命长了，难免会出现故障，因此要注意养护。尤其是不要随便使用润滑剂，当门锁出现发涩、发紧时，不要滴各种润滑油，因为油易粘灰，容易形成油泥，这样反而更容易出现故障了，可以削铅笔粉末或蜡烛碎末，通过细管吹入锁芯内部，然后插入钥匙反复转动数次即可。

2. 门压条

在地板铺到门口的时候，一般会和过门石相接或者和另一个房间的地板、瓷砖相接，这个时候就会用到门压条（见图9-55）。能起到密封、隔声、防尘等作用。

门压条的材料有很多，常见的有PVC的、塑钢的、实木的等（见图9-56）。一般来说，门压条作为地板的辅料是额外收费的，购买地板时需要和商家协商价格。

图9-55　门压条（1）

图9-56　门压条（2）

选购成品房门

选购成品房门要注意品质。

（1）要关注房门的款式与色彩，应该与家居风格谐调搭配。房门的色彩一般应接近家具颜色，可以只是在细节上有所区别，如房门的纹理与木地板纹理应有所区别。至于具体色彩要根据实际情况来选择。

（2）观察房门质量，用手抚摩房门的边框、面板、拐角处，要求无刮擦感，且柔和细腻，站在门的侧面迎光观察门板的表面是否有凹凸波浪（见图9-57和图9-58）。

（3）注意配件质量，锁具、合页等配件质量直接影响门的舒适度（见图9-59和图9-60），内门应有专用密封条，安装时门框与墙体之间应严格密封。

图9-57　门板表面

图9-58　门板玻璃

图9-59　门锁拉手

图9-60　合页

9.3 玻璃

玻璃材料具有良好的透光性，并具有一定强度，是现代家居装修必不可少的装饰材料，玻璃在门窗、家具、灯具、装饰造型上都会有所应用。玻璃的品种也特别丰富，可以根据需要进行任意搭配。选购玻璃主要选择花型、样式，此外还要关注是否为钢化产品。光亮、晶莹的玻璃在室内空间不宜应用过多，以免令人感到眩晕。

玻璃是一种比较透明的固体物质，主要成分是二氧化硅。玻璃在高温熔融时形成连续网络结构，在冷却过程中，其黏度逐渐增大并硬化，普通玻璃广泛应用于住宅建筑，用来隔风透光。

9.3.1 普通玻璃

1. 平板玻璃

平板玻璃又称白片玻璃或净片玻璃，是最传统的透明固体玻璃。它是未经进一步加工，表面平整而光滑，具有高度透明度的板状玻璃的总称，是现代家居装修中用量最大的玻璃品种，是各种装饰玻璃的基础材料（见图9-61和图9-62）。

（1）平板玻璃的种类。平板玻璃按厚度可分为薄玻璃、厚玻璃、特厚玻璃。平板玻璃还可以通过着色、表面处理、复合等工艺制成具有不同色彩与各种特殊性能的玻璃制品。

（2）平板玻璃的规格与价格。平板玻璃的规格一般不低于1000mm×1200mm，厚度通常为2~20mm，其中厚度为5~6mm的产品规格最大可以达到3000mm×

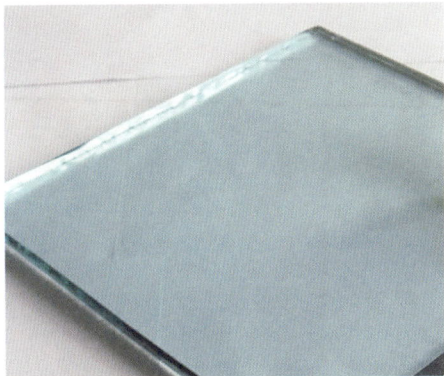

图9-61　平板玻璃

图9-62　平板玻璃书柜门

4000mm。目前，常用平板玻璃的厚度有0.5～25mm多种，应用方式均有不同。目前，在家居装修中，5mm厚的平板玻璃应用最多，常用于各种门、窗玻璃，价格为35～40元/m^2（见图9-63和图9-64）。

2. 镜面玻璃

镜面玻璃又称涂层玻璃或镀膜玻璃，它是以金、银、铜、铁、锡、钛、铬或锰等的有机或无机化合物为原料，采用喷射、溅射、真空沉积、气相沉积等方法，在玻璃表面形成氧化物涂层。镜面玻璃的涂层色彩有多种，常用的有金色、银色、灰色、古铜色等。这种带涂层的玻璃，具有视线的单向穿透性，

即视线只能从有镀层的一侧观向无镀层的一侧（见图9-65和图9-66）。

（1）镜面玻璃的用途。目前，在家居装修中运用的镜面玻璃分为铝镜玻璃与银镜玻璃。铝镜玻璃背面为镀铝材质，颜色偏白、偏灰，一般用于背景墙、吊顶、装饰构造的局部，价格较低。银镜玻璃背面为镀银材质，经敏化、镀银、镀铜、涂漆等系列工序制成，成像纯正、反射率高、色泽还原度好，一般用于家居卫生间、梳妆台上的镜面，价格较高。

（2）镜面玻璃的规格与价格。镜面玻璃的规格与平板玻璃一致，厚度通常为4～6mm，其中5mm厚的银镜玻璃价格为40～45元/m^2。选购时应注意观察镜面玻

图9-63　平板玻璃窗（1）

图9-64　平板玻璃窗（2）

图9-65　镜面玻璃（1）

图9-66　镜面玻璃（2）

璃是否平整，反射的影像不能发生变形。

9.3.2 钢化玻璃

钢化玻璃是安全玻璃的代表，它是以普通平板玻璃为基材，通过加热到一定温度后再迅速冷却而得到的玻璃（见图9-67）。

1. 钢化玻璃的优点

（1）强度比普通玻璃提高数倍，抗弯强度是普通玻璃的3～5倍，抗冲击强度是普通玻璃5～10倍，提高强度的同时也提高了安全性。

（2）钢化玻璃具有很高的使用安全性，其承载能力增大能改善其易碎性质，即使钢化玻璃遭到破坏后也呈无锐角的小碎片，大幅度降低了对人的伤害。

（3）钢化玻璃的表面会存在凹凸不平现象，厚度会轻微变薄。变薄的原因是玻璃在热熔软化后经过快速冷却，使其玻璃内部晶体间隙变小，所以玻璃钢化后要比钢化前薄。一般情况下，4～6mm厚的平板玻璃经过钢化处理后会变薄0.2～0.5mm。

2. 钢化玻璃的用途

在家居装修中，钢化玻璃主要用于淋浴房（见图9-68）、玻璃家具（见图9-69和图9-70）、无框玻璃门窗、隔墙、吊顶等构造。钢化玻璃的规格与平板玻璃一致，厚度通常为6～15mm，其中厚度为6mm的钢化玻璃价格为60～70元/m^2。钢化玻璃的价格一般要比同规格的普通平板玻璃高20%～30%。

3. 钢化玻璃的选购

在选购钢化玻璃时要注意识别，钢

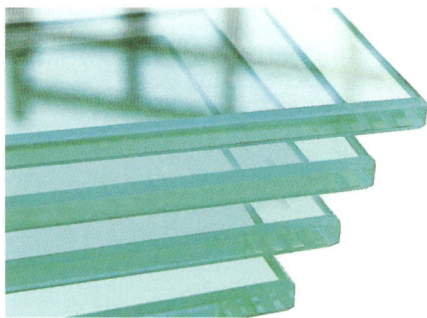
图9-67 钢化玻璃

图9-68 钢化玻璃淋浴房

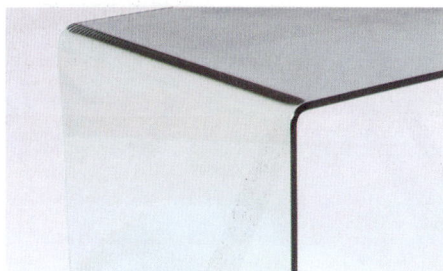
图9-69 钢化玻璃茶几

图9-70 钢化玻璃台柜

化玻璃可以透过偏振光片在玻璃的边缘上看到彩色条纹，而在玻璃面层观察，可以看到黑白相间的斑点。偏振光片可以借用照相机镜头或眼镜来观察，观察时注意调整光源方向，这样更容易观察。此外，每块钢化玻璃上都有3C质量安全认证标志。

9.3.3 夹层玻璃

夹层玻璃是在两片或多片平板玻璃或钢化玻璃之间，嵌夹以聚乙烯醇缩丁醛树脂胶片，再经过热压黏合而成的平面或弯曲的复合玻璃制品（见图9-71和图9-72）。

1. 夹层玻璃的优点

（1）夹层玻璃的主要特性是安全性好。一般采用钢化玻璃加工，破碎时玻璃碎片不零落飞散，只产生辐射状裂纹，不至于伤人。抗冲击强度优于普通平板玻璃，防范性好，并有耐光、耐热、耐湿、隔声等性能。

（2）夹层玻璃属于复合材料。还可以采用彩釉玻璃加工，甚至在中间夹上碎裂的玻璃，形成不同的装饰形态。夹层玻璃具有可设计性，即能根据性能要求，自主设计、制作出新的使用形式，如隔声夹层玻璃、防紫外线夹层玻璃、遮阳夹层玻璃、电热夹层玻璃等品种。夹层玻璃的缺点是被水浸透后，水分子更容易进入玻璃夹层中，使玻璃表面模糊。

（3）在现代家居装修中，将夹层玻璃安装在门窗上，能起到良好的隔声效果。夹层玻璃能阻隔声波，维持安静、舒适的起居环境，能过滤紫外线，保护皮肤健康，避免贵重家具、陈列品等褪色。它还可减弱太阳光的透射，降低制冷能耗。夹层玻璃受大撞击破损后，其碎块与碎片仍与中间膜粘在一起，不会发生脱落造成伤害。

2. 夹层玻璃的规格与价格

夹层玻璃的规格与平板玻璃一致，厚度通常为4~15mm，其中厚度为4mm加4mm的夹层的玻璃价格为80~90元/m²。如果换用钢化玻璃制作，其价格比同规格的普通平板玻璃要高出40%~50%。

3. 夹层玻璃鉴别与选购

（1）看外观查质量。查看产品的外观质量，夹层玻璃不应有裂纹、脱胶；爆边

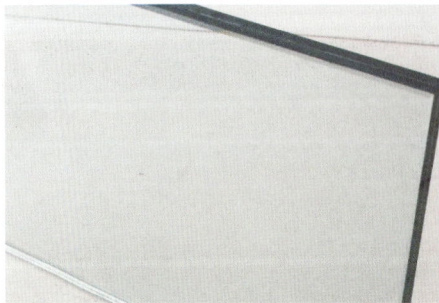
图9-71 夹层玻璃

图9-72 夹层玻璃栏板

的长度或宽度不应超过玻璃的厚度；划伤和磨伤不应影响使用；中间层的气泡、杂质或其他可观察到的不透明物等缺陷不应超过GB/T 15763.3的标准要求。

（2）看证书。自2003年开展安全玻璃产品认证以来，全国大多数的建筑夹层玻璃生产企业都通过了产品认证，企业必须在出售的产品本体上丝印或粘贴3C标志，或者在其最小外包装上和随附文件（如合格证书）中加施3C标志。选购产品时首先要查看是否有3C标志，并根据企业信息、工厂编号或产品认证证书等，通过网络查看购买的产品是否在该企业已通过强制认证的能力范围内、认证证书是否有效。

9.3.4 彩釉玻璃

彩釉玻璃又称烤漆玻璃，是指在平板玻璃或压花玻璃表面涂敷一层易熔性色釉，然后加热到釉料熔化的温度，使釉层与玻璃表面牢固地结合在一起，经烘干、钢化处理而制成的玻璃装饰材料（见图9-73和图9-74）。适合小范围使用，如装饰背景墙、立柱等，背后应衬托其他装饰材料如壁纸或木纹板材等，才能完美体现玻璃的质地。

1. 彩釉玻璃的优点

彩釉玻璃釉面永不脱落，色泽及光彩保持常新，背面涂层能抗腐蚀、抗真菌、抗霉变、抗紫外线，能耐酸、耐碱、耐热、防水、不老化，更能不受温度与天气变化的影响。它可以制成透明彩釉、聚晶彩釉、不透明彩釉等品种。彩釉玻璃颜色鲜艳，个性化选择余地大，超过上百余种可供挑选。

2. 彩釉玻璃的规格与价格

目前市面上又出现了烤漆玻璃，工艺原理与彩釉相同，但是漆面较薄，容易脱落，价格相对较低。彩釉玻璃的规格与平板玻璃相当，5mm厚的彩釉玻璃价格为100~120元/m²。彩釉玻璃以压花形态的居多，具体价格根据花形、色彩、品种不等，但整体较高。

9.3.5 聚晶玻璃

聚晶玻璃是利用普通玻璃加工而

图9-73 彩釉玻璃（1）

图9-74 彩釉玻璃（2）

成，用聚晶玻璃油漆制作成多种风格不同的块件，色彩永不脱落，是一种全新的装饰材料（见图9-75）。

聚晶玻璃高雅亮丽，质感胜于陶瓷制品（见图9-76）。制作灵活多变，可自定颜色、图案、规格进行加工、钻孔和制作成各种形状，且能在同一面板上做成几种不同颜色，也可通过热弯造成曲折及半圆体。聚晶玻璃已在外国流行，广泛用于浴室、厨房、窗台、线条、大堂墙幕以及一切室内墙壁的表面及地面装饰，也可制作成厨台、餐桌、家具、屏风、炉面、洁具盆台等。并且能与木制品混合使用，其性能耐湿、防潮、抗酸、抗碱。

9.3.6 玻璃砖

玻璃砖是用透明或彩色玻璃制成的

块状、空心玻璃制品或块状表面施釉的玻璃制品。由于玻璃制品的特性，常用于需要采光及防水功能的区域，如门厅、厨房、卫生间、走道等空间的隔墙。

1. 玻璃砖的种类

（1）空心玻璃砖。

1）空心玻璃砖的种类。空心玻璃砖一直以来是玻璃砖的总称。空心玻璃砖主要有透明玻璃砖、雾面玻璃砖、纹路玻璃砖几种产品，玻璃砖的种类不同，光线的折射程度也会有所不同（见图9-77和图9-78）。

2）空心玻璃砖的优点。空心玻璃砖在生产中可以根据设计要求来定制尺寸、大小、花样、颜色。

无放射性物质与刺激性气味，属于绿色材料（见图3-83和图3-84）。空

图9-75 聚晶玻璃（1）

图9-76 聚晶玻璃（2）

图9-77 空心玻璃砖（1）

图9-78 空心玻璃砖（2）

心玻璃砖具有隔声、隔热、防水、节能、透光良好等特点，属于非承重装饰材料，装饰效果高贵典雅、富丽堂皇。采用空心玻璃砖砌筑隔墙，既有区分作用，又能将光引入室内。

空心玻璃砖可提供良好的采光效果，并有延续空间的感觉。如果将玻璃砖用于外墙、外窗砌筑，可将自然采光与室外景色融为一体，并带入室内。空心玻璃砖强度高、耐久性好，能经受住风的侵袭，不需要额外的维护结构就能保障安全性。空心玻璃砖可以依照尺寸的变化设计出直线墙、曲线墙及不连续墙（见图9-79～3-83）。

3）空心玻璃砖的用途与规格。空心玻璃砖不仅可以用于砌筑透光性较强的墙壁、隔断、淋浴间等，还可以应用于外墙或室内间隔，为使用空间提供良好的采光效果，并有延续空间的感觉。无论是单块镶嵌使用，还是整片墙面使用，皆可有画龙点睛之效。玻璃砖的边长规格一般为195mm，厚度为80mm，价格为15～25元/块。

（2）实心玻璃砖。实心玻璃砖的构造与空心玻璃砖相似，由两块中间为圆形的凹陷玻璃体粘接而成。

1）实心玻璃砖的用途。由于是实心构造，这种砖比较重，一般只能粘贴在墙面上或依附其他加强的框架结构才能安装，一般只作为室内装饰墙体使用，用量相对较小。实心玻璃砖的颜色比较多，但是大多没有内部花纹，只是表面有磨砂效果（见图9-83和图9-84）。实心玻璃砖也可以砌筑，但是砖体周边没有凹槽，不能

图9-79　空心玻璃砖卫生间隔墙（1）

图9-80　空心玻璃砖卫生间隔断（2）

图9-81　空心玻璃砖走道隔墙

图9-82　空心玻璃砖楼梯隔断

穿插钢筋，砌筑高度一般小于1m，砌筑过高容易造成墙体变形、坍塌。在设计时，实心玻璃砖周边一般会布置灯光，在夜间或采光较弱的空间中起到点缀、装饰作用。

2）实心玻璃砖的规格与价格。玻璃砖的边长规格一般为150mm，厚度为60mm，价格为20～30元/块。

（3）玻璃饰面砖。玻璃饰面砖又称三明治玻璃砖，它是采用两块透明的抗压玻璃板，在其中间的夹层随意搭配其他材料，最终经热熔而成。

1）玻璃饰面砖的用途。夹层夹入金属、贝壳、树皮等各种具有装饰效果的

物品，装饰效果特别独特，晶莹透亮，很多厂商都将设计这种产品作为开发的重心（见图9-85）。

2）玻璃饰面砖的规格与价格。玻璃饰面砖离不开墙体或框架结构的依托，因此用量不大，一般都与常规墙、地砖配套使用，镶嵌在墙、地砖的铺装间隙。玻璃饰面砖的边长规格一般为150～200mm，厚度为30～50mm，具体规格根据厂商设计开发来定，价格为50～80元/块。

2. 玻璃砖鉴别

（1）外观识别。玻璃砖的表面品质应当精致、细腻，不能存在裂纹，玻璃

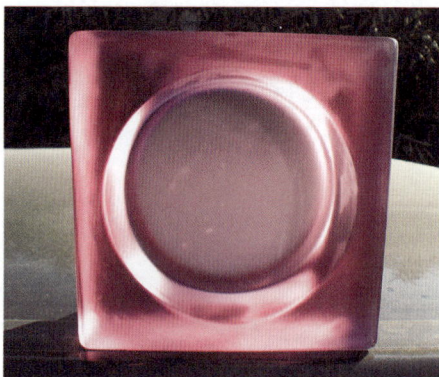

图9-83 实心玻璃砖（1）

图9-84 实心玻璃砖（2）

图9-85 玻璃饰面砖样式

坏体中不能有不透明的未熔物，两块玻璃体之间的熔接应当完全密封，不能出现任何缝隙。目测砖体表面，不能出现涟漪、气泡、条纹等瑕疵（见图9-86）。

（2）玻璃砖表面的内心面里凹陷应小于1mm，外凸应小于2mm，外观无翘曲及缺口、毛刺等缺陷，角度应平直。可以用卷尺测量砖体各边的长度，看是否符合产品包装上标称的尺寸，误差应小于1mm（见图9-87）。

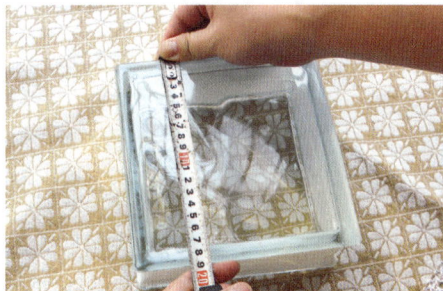

图9-86 抚摸表面

图9-87 测量边长

小安给你来总结

平板玻璃

位于室内一侧可以选用中性硅酮玻璃胶，环保性能较好，位于室外一侧可以选用聚氨酯玻璃胶，耐候性能较好。普通平板玻璃不能用于无框构造制作，以防破裂。

墙地砖通用保养方法

日常的清洁可以使用抹布，然后使用洗洁精、肥皂水即可进行清理。茶水、冰激凌、油脂、啤酒可以使用纯碱溶液清洗。沉淀物、铁锈、灰浆使用硫酸或盐酸溶液清洗，将其滴在砖面，静置几分钟后擦拭，注意将手做好保护。油漆、绘图笔可以使用松节油、丙酮擦拭，至于墨水可以使用专用瓷砖清洁剂或牙膏清除。此外，酱油、醋、锯末、洁厕灵的效果都比较好。

钢化玻璃

在使用钢化玻璃过程中，应尽量避免外力冲击，尤其是钢化夹层玻璃要避免尖端受力冲击。清洁玻璃时注意不要划伤或擦伤、磨伤玻璃表面，以免影响其光学性能、安全性能及美观性。夹层玻璃在安装时应使用中性胶，严禁与酸性胶接触。